Das ultimative Probenbuch
Mathematik
4. Klasse

Du schaffst den Sprung

Dieses Buch gehört

____

Du schaffst den Sprung

Vorwort

dieses Buch hilft dir bei der Vorbereitung auf deine Proben bzw. Klassenarbeiten in der 4. Klasse im Fach Mathematik. Anhand der von uns erstellten Proben, die chronologisch dem Lehrplan angepasst sind und in Inhalt, Form und Umfang etwa dem entsprechen, was dich in deinen Klassenarbeiten erwartet, kannst du überprüfen, ob du den behandelten Stoff beherrschst.

Die Klassenarbeiten decken die verschiedenen mathematischen Teilgebiete ab, die du in der 3. Klasse erlernt hast, sowie alle Grundrechenarten im Zahlenraum bis 1.000.000.

Im Anhang findest du zu jeder Klassenarbeit eine Lösung mit ausführlichem Lösungsweg, damit du deine Antworten selbstständig kontrollieren kannst.

Wir wünschen dir viel Erfolg bei der Arbeit mit dieser Probensammlung und für dein gesamtes 4. Schuljahr.

Mandana Mandl   Miriam Reichel

Für konstruktive Kritik und Tipps, wie auch für Ideen für weitere Schulproben sind wir immer offen!

1. Auflage 09/2009
24. Auflage 09/2018

Lektorat: Johanna Fangmeier, Innig am Ammersee; Lorenz Maus, München;
Dr. P. Mandl, München; Sandra Frey, Edling;
Logoentwurf: Michael Reichel, www.m5art.de
Druck: omb2 Print GmbH

www.MaMis-Verlag.de

Informatives:

Seit dem Schuljahr 2009/2010 müssen die Schulproben in der 4. Klasse mindestens acht Tage im Voraus angekündigt werden. Die Anzahl der Proben pro Fach ist vom Kultusministerium definiert worden, im Fach Mathematik ist diese auf fünf festgelegt (Stand 2009).

In dieser Reihe erhältlich:

3. Klasse: Das ultimative Probenbuch Deutsch, Mathematik, Heimat- und Sachunterricht (HSU)
3. Klasse: Das ultimative Probenbuch Lesen
4. Klasse: Das ultimative Probenbuch Deutsch, Mathematik, Heimat- und Sachunterricht (HSU), Das ultimative Probenbuch Lesen
5. Klasse: Das ultimative Probenbuch Deutsch (alle Schulen), Mathematik (Gymnasium)
6. Klasse: Das ultimative Probenbuch Deutsch, Mathematik (Gymnasium)

Sammelbände: Das ultimative Probenbuch Lesen 3./4. Klasse
Das ultimative Probenbuch Textaufgaben 3./4. Klasse
Das ultimative Probenbuch Diktat und Aufsatz 3./4. Klasse
Das ultimative Probenbuch Deutsch 5./6. Klasse (alle Schulen)
Das ultimative Probenbuch Diktat und Aufsatz Unterstufe 5./6./7. Klasse (alle Schulen)

Fremdsprachen Vor-/Grundschule:
Singlish → Mit Spaß und Musik spielerisch die erste Fremdsprache erlernen. Wir haben bekannte Kinderlieder ins Englische übertragen und mit Illustrationen und Spielanweisungen aufgelockert. Den Kindern soll hiermit handlungsorientiert und spielerisch die englische Sprache nähergebracht und englisches Vokabular frühzeitig eingeübt und verinnerlicht werden.

Ferienkalender für Bayern:

	Fasching	Ostern	Pfingsten	Sommer	Herbst	Weihnachten
2018	12.02. - 16.02. *	26.03. - 07.04.	22.05. - 02.06.	30.07. - 10.09.	29.10. - 02.11. / 21.11. *	22.12. - 05.01.
2019	04.03. - 08.03. *	15.04. - 27.04.	11.06. - 21.06.	29.07. - 09.09.	28.10. - 31.10. / 20.11. *	23.12. - 04.01.
2020	24.02. - 28.02. *	06.04. - 18.04.	02.06. - 13.06.	27.07. - 07.09.	31.10. - 06.11. / 18.11. *	23.12. - 09.01.
2021	15.02. - 19.02. *	29.03. - 10.04.	25.05. - 04.06.	30.07. - 13.09.	02.11. - 05.11. / 17.11. *	24.12. - 08.01.

Ferienkalender für Baden-Württemberg:

	Fasching	Ostern	Pfingsten	Sommer	Herbst	Weihnachten
2018	-	26.03. - 06.04.	22.05. - 02.06.	26.07. - 08.09.	29.10. - 02.11.	24.12. - 05.01.
2019	-	15.04. - 27.04.	11.06. - 21.06.	29.07. - 10.09.	28.10. - 30.10.	23.12. - 04.01.
2020	-	06.04. - 18.04.	02.06. - 13.06.	30.07. - 12.09.	-	-
2021	-	-	-	29.07. - 11.09.	-	-

Quelle: http://www.schulferien.org

Inhaltsverzeichnis

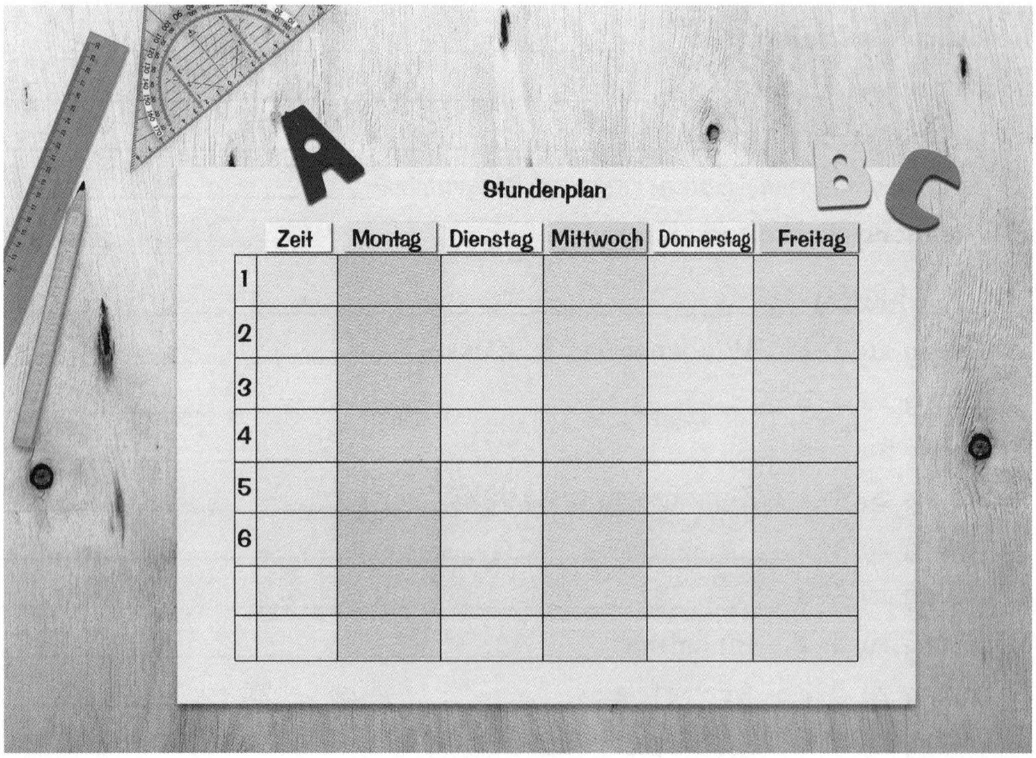
Stundenplan
Zeit
Montag
Dienstag
Mittwoch
Donnerstag
Freitag
1
2
3
4
5
6

1. Lehrplan und Informationen

1.1 LehrplanPlus

Was ist neu?

Während im alten Lehrplan die **Leistungsorientierung** im Vordergrund stand, rückt nun die **Kompetenzorientierung** auf Rang 1.

Im neuen Lehrplan werden Lehrplaninhalte nicht mehr als Lernziele, sondern als **Kompetenzen** bezeichnet und beschrieben.

Kompetenzdefinition des ISB lautet:

„Kompetent ist eine Person, wenn sie bereit ist, neue Aufgaben oder Problemstellungen zu lösen, und dieses auch kann. Hierbei muss sie Wissen bzw. Fähigkeiten erfolgreich abrufen, vor dem Hintergrund von Werthaltungen reflektieren sowie verantwortlich einsetzen. " *Quelle: https://www.isb.bayern.de/*

Bedeutung der Kompetenzorientierung im neuen LehrplanPlus für die Schüler:

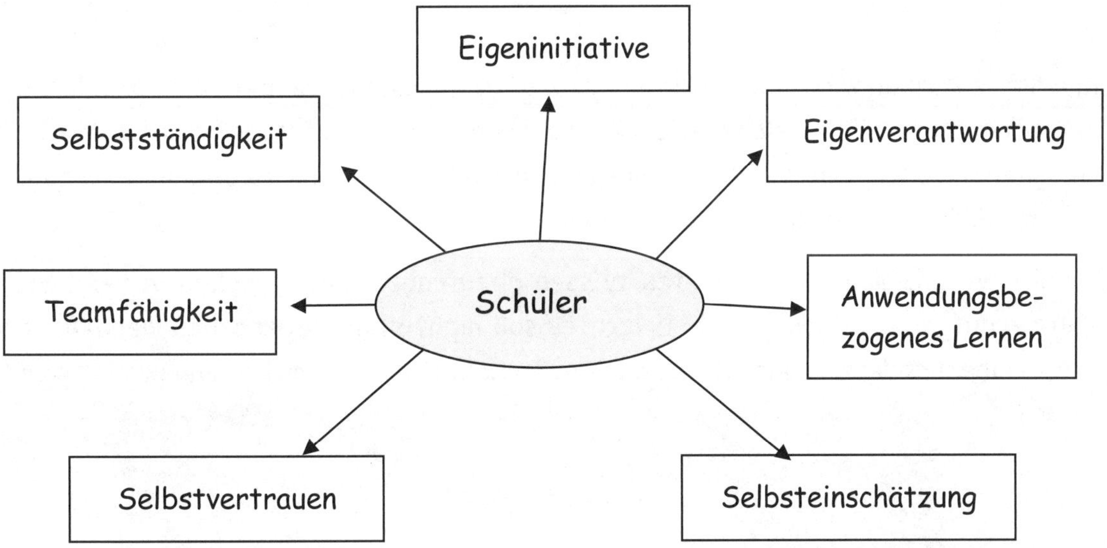

Ein kompetenzorientierter Unterricht verlangt nicht nur die Aneignung von Wissen, Fertigkeiten und Fähigkeiten, sondern auch die Vermittlung von Normen, Regeln und Werten.

Die Schüler sollen sich eine höhere Selbstständigkeit, größere Eigeninitiative und mehr Eigenverantwortung aneignen. In den Vordergrund rücken auch anwendungsbezogenes Lernen, Teamarbeit und soziales Lernen.

Die Schüler sollen Vertrauen in die eigenen Fähigkeiten entwickeln und lernen ihren eigenen Lernfortschritt einzuschätzen.

Bedeutung der Kompetenzorientierung im neuen LehrplanPlus im Bezug auf die Auswahl der Aufgaben:

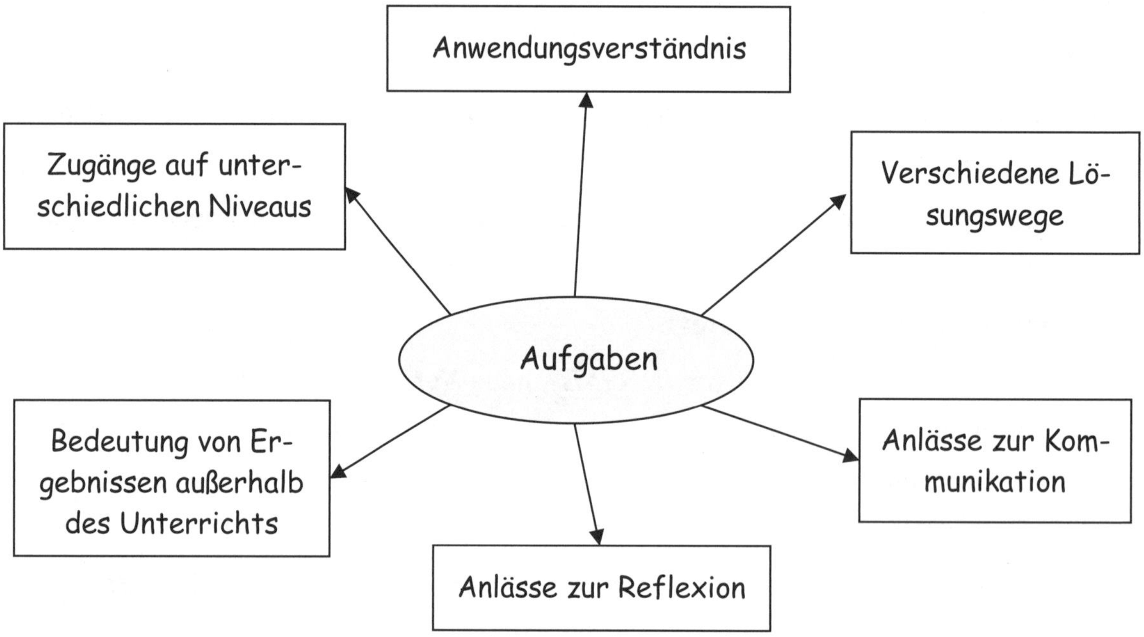

Im neuen Lehrplan wird von „guten Aufgaben" gesprochen. Hiermit sind vor allem offene Lernaufgaben gemeint, welche jedem Kind eine Lösung auf seinem eigenen Leistungsniveau ermöglichen sollen. Sie lassen eine natürliche Differenzierung zu und sind vorzugsweise auch im „inklusiven Unterricht" einsetzbar.

Es geht darum, nicht nur erlerntes Wissen abzufragen. Kinder sollen in der Lage sein, Transferaufgaben zu lösen, d. h. Erlerntes soll nicht stur wiedergeben werden, sondern auch in einem anderen Kontext und auch außerhalb des Unterrichts angewandt werden.

1.2 Lehrplan der 4. Klasse

Die Umsetzung des Lehrplans, die Schwerpunktfestlegung sowie der chronologische Ablauf liegen in der Regel beim Lehrer oder bei der Schule. Die nachfolgenden Themen müssen alle durchgenommen werden, und die Kinder müssen bis zum Schuljahresende eine klare Vorstellung im Zahlenraum bis 1.000.000 aufweisen!

Der Lehrplan der 4. Klasse sieht folgende Schwerpunkte vor:

1. Wiederholung des Stoffes der 3. Klasse
   - Mündliche und schriftliche Rechenoperationen im Zahlenraum bis 1000
   - Üben mit Größen, Umwandeln bekannter Größen
   - Sachaufgaben
2. Zahlenraumerweiterung
   - Mündliche und schriftliche Rechenoperationen im Zahlenraum bis 10000
   - Zahlenstrahl
   - Sachaufgaben
3. Rechnen mit Maßeinheiten
   - Rechnen und Umwandeln mit Zeit-, Längen- und Gewichtseinheiten sowie Hohlmaßen
   - Sachaufgaben zu Größen
   - Üben mit Größen, Umwandeln bekannter Größen
4. Geometrie
   - Der Würfel und seine Eigenschaften
   - Würfelnetze
   - Eigenschaften verschiedener Körperformen und deren Netze
5. Schrittweise Erweiterung des Zahlenraumes bis 1 000 000
   - Üben und Festigen der Grundrechenarten
   - Einführen der schriftlichen Subtraktion
   - Wiederholen der schriftlichen Addition
6. Einführung der schriftlichen Multiplikation
   - Üben mit mehrstelligen Faktoren
   - Vertiefung durch Sachaufgaben
7. Einführung der schriftlichen Division
   - Beziehungen zwischen Zahlen – Vielfache und Teiler
   - Erläutern von Teilbarkeitsregeln
   - Halbschriftliche und schriftliche Division
   - Sachaufgaben zur Vertiefung
8. Einführung in die Wahrscheinlichkeitsrechnung
   - Sammeln und auswerten von Daten
   - Durchführen erster Zufallsexperimente

2. Grundwissen der 4. Klasse in Mathematik

2.1 Rechenarten

Nachfolgend werden die Grundrechenarten beschrieben:

Addition:	Summand	+	Summand	=	Summe
Subtraktion:	Minuend	-	Subtrahend	=	Differenz
Multiplikation:	Faktor	·	Faktor	=	Produkt
Division:	Dividend	:	Divisor	=	Quotient

2.2 Textaufgaben

Bei Textaufgaben muss man Wesentliches vom Unwesentlichen unterscheiden. Lies die Aufgabe genau durch und unterstreiche alle Zahlen und alle Ausdrücke, die auf eine Rechenoperation hindeuten (z. B.: addiere, dividiere, zähle hinzu ...).

Versuche herauszufinden, was für die Lösung bzw. für die Beantwortung der Frage wichtig ist! Textaufgaben sind in ihren Rechenoperationen meistens nicht sehr schwer.

Die Kinder sollen lernen einen Sachverhalt zu verstehen und diesen in entsprechende Rechenoperationen umzusetzen. Manchmal musst du sogar selbstständig die Frage erkennen. Bei Textaufgaben sagen Kinder sehr schnell: „Das kann ich nicht!" oder „Das verstehe ich nicht!" Um Kindern hier Sicherheit zu geben, kann man sie unterstützen den Rechenweg **eigenständig** zu finden und dann üben, üben, üben.

2.3 Rechnen mit Maßeinheiten

1 km	1000 m
1 kg	1000 g
1 t	1000 kg
1 l	1000 ml
1 hl	100 l
1 Tag	24 h
1 h	60 min
1 min	60 s

1 m	10 dm	100 cm	1000 mm
1 l	10 dl	100 cl	1000 ml
1 Jahr	365 Tage	52 Wochen	
1 h	60 min	3600 s	

2.4 Geometrie

Formen:

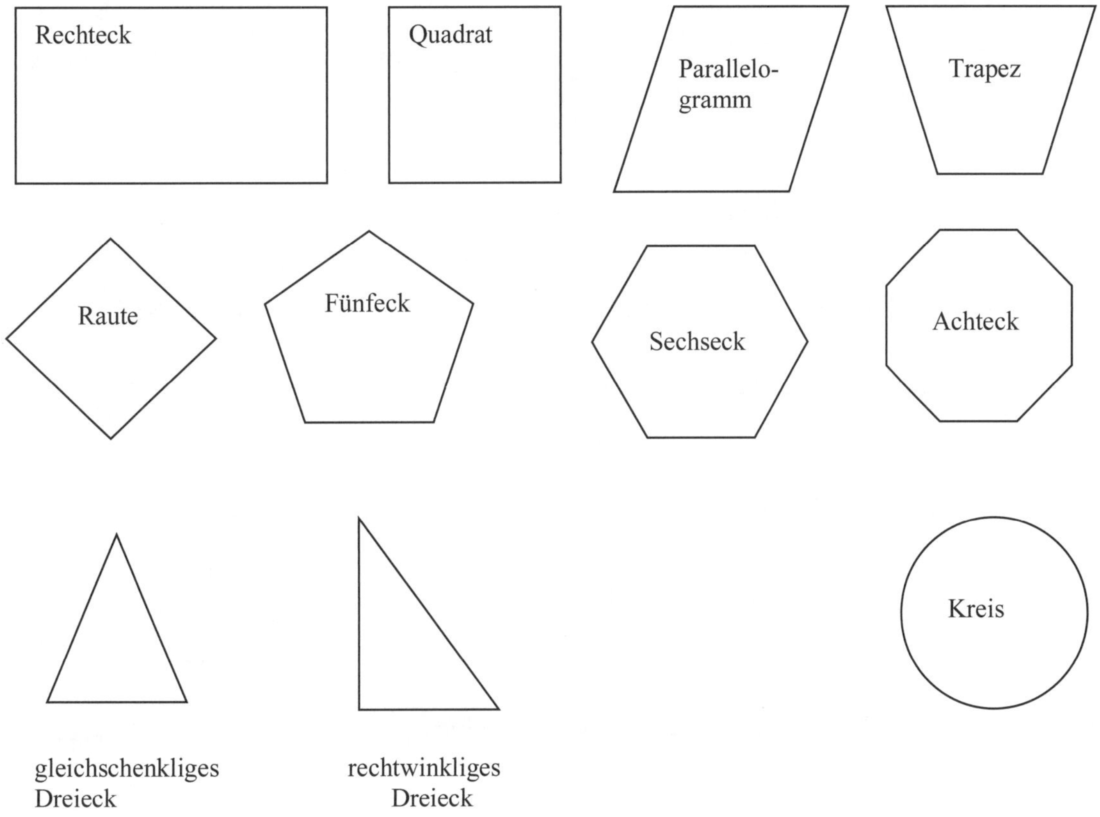

Dreieck: Jede geometrische Figur, die <u>drei Ecken</u> hat, nennt man Dreieck.

Viereck: Jede geometrische Figur, die <u>vier Ecken</u> hat, ist ein Viereck. Das Rechteck, das Quadrat, das Parallelogramm, das Trapez und die Raute sind spezielle Formen des Vierecks.

Rechteck: Ein Rechteck ist ein Viereck, bei dem die gegenüberliegenden Seiten gleich lang sind und senkrecht zu einander stehen.

Quadrat: Das Quadrat ist eine Sonderform des Rechtecks, bei dem alle Seiten gleich lang sind.

Körper:

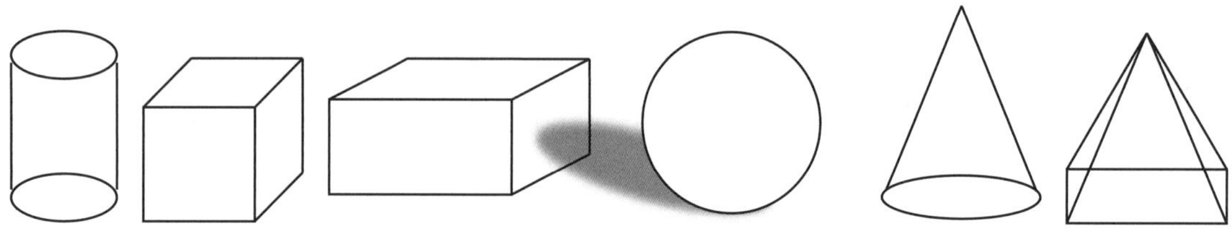

Zylinder Würfel Quader Kugel Kegel Pyramide

Der Würfel ist eine Sonderform des Quaders, bei dem alle Kanten gleich lang sind.

In der folgenden Tabelle kannst du erkennen, welcher Körper wie viele Kanten und Ecken hat.

	Würfel	**Quader**	**Kegel**	**Zylinder**	**Kugel**	**Pyramide**
Ecken	8	8	1	0	0	5
Kanten	12	12	1	2	0	8

Würfelnetze: Es gibt genau **11** mögliche Würfelnetze.

Geraden

2 Geraden

mit 0 Schnittpunkten
Alle Geraden stehen parallel zu einander

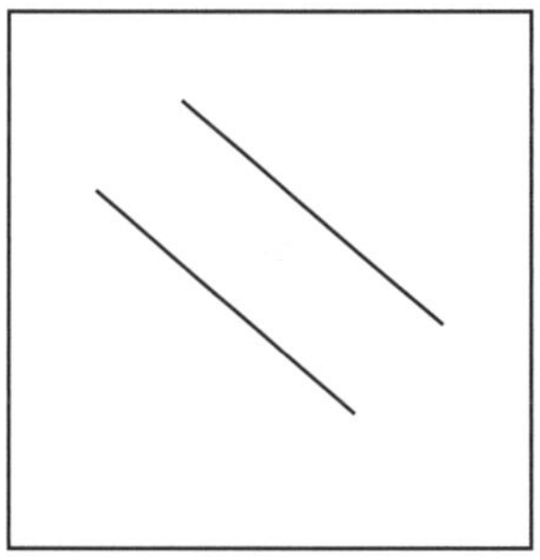

mit 1 Schnittpunkt
sobald 2 Geraden nicht parallel stehen, treffen sie sich irgendwann.

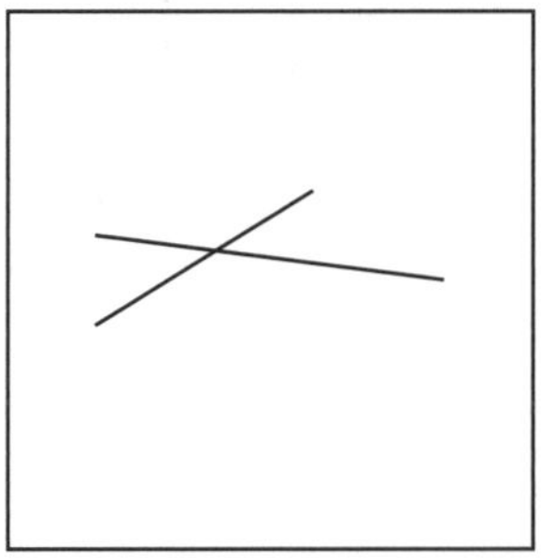

mit 2 Schnittpunkten
Gibt es nicht

Nicht möglich, zwei Geraden können immer nur **einen oder keinen Schnittpunkt** haben!

3 Geraden

mit 0 Schnittpunkten
Alle Geraden stehen parallel zu einander

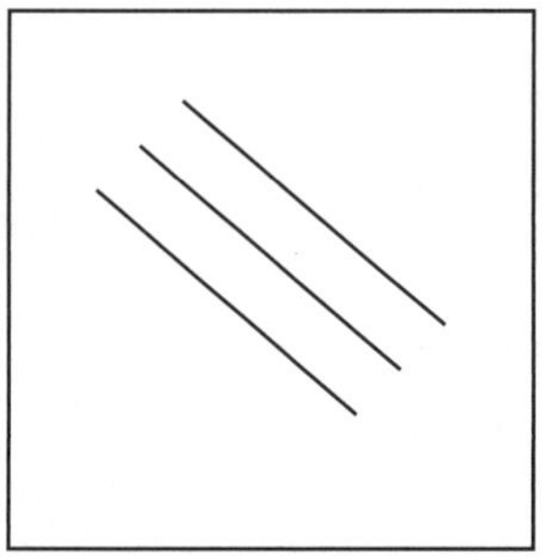

mit 1 Schnittpunkt
sobald 2 Geraden nicht parallel stehen, treffen sie sich irgendwann. Die dritte Gerade muss **durch denselben Schnittpunkt** gehen.

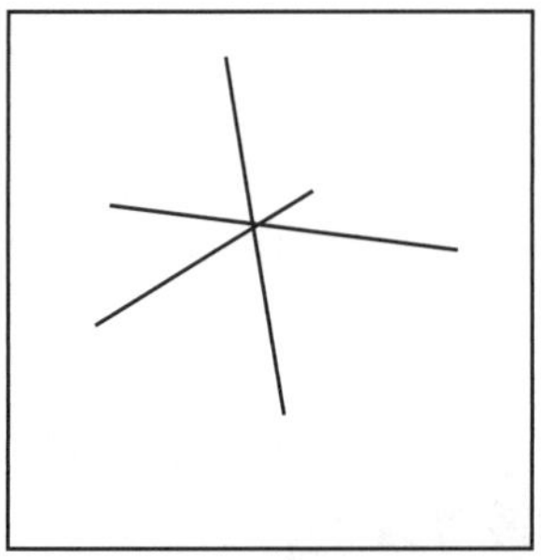

mit 2 Schnittpunkten
2 Geraden stehen parallel zu einander und die dritte durchkreuzt beide.

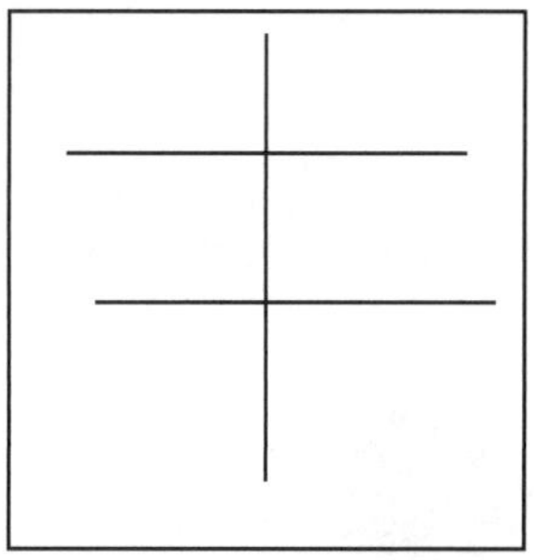

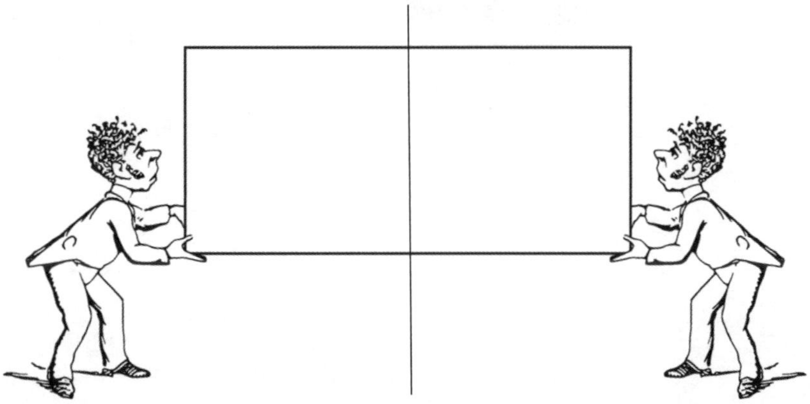

Symmetrie

Eine Figur ist achsensymmetrisch, wenn sie sich so falten lässt, dass die beiden Teile, die durch die Achse geteilt werden, genau aufeinanderpassen. Die Faltlinie nennt man Symmetrieachse oder Spiegelachse, sie wird in den Bildern gestrichelt dargestellt.

Einige Beispiele:

Rechteck

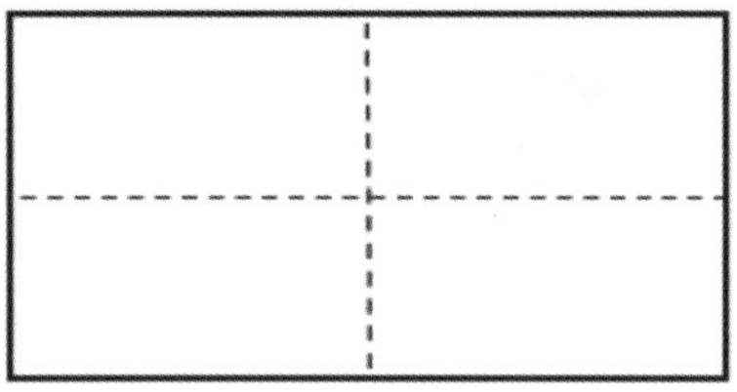

Quadrat

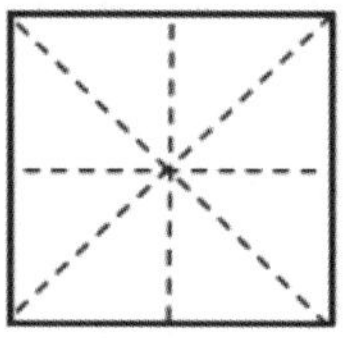

Kreis

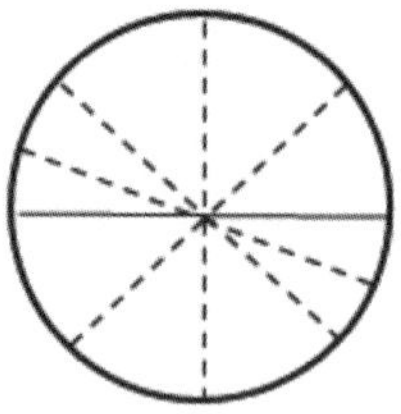

Anzahl Symmetrieachsen:

Rechteck	Quadrat	Kreis
2	**4**	**unendlich**

Rechtwinkliges Dreieck

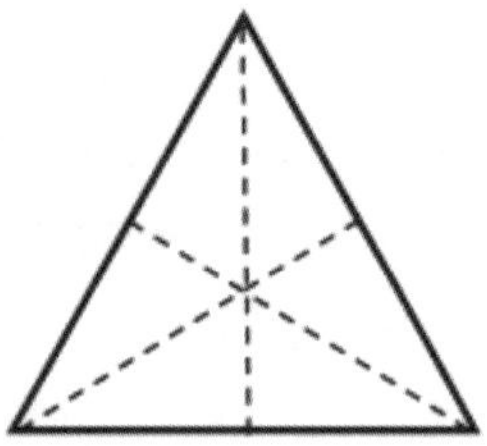

Pfeil waagrecht

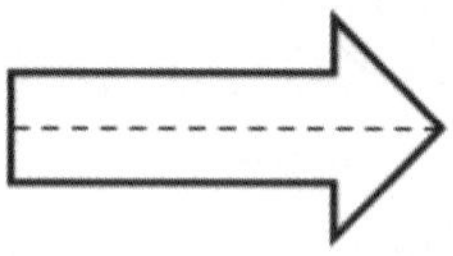

Pfeil senkrecht

Anzahl Symmetrieachsen:

Rechtwinkliges Dreieck	Pfeil waagrecht	Pfeil senkrecht
3	**1**	**1**

Weitere klassische Beispiele für Achsensymmetrie:

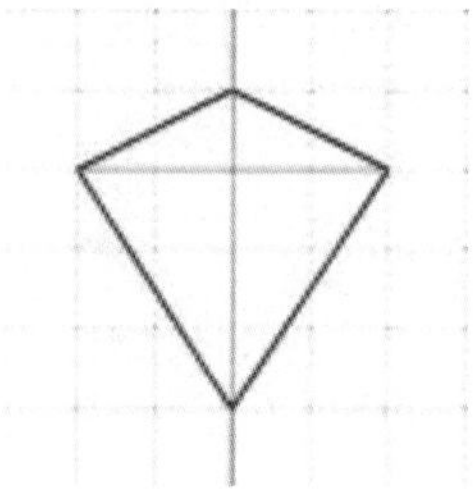

Beispiele von Figuren, die **<u>nicht</u>** **<u>achsensymmetrisch</u>** sind:

Achtung: Es gibt Dreiecke, Sterne und Pfeile sowohl mit Symmetrieachse als auch ohne!

Nicht nur Formen haben Symmetrieachsen, auch Wörter können symmetrisch aufgebaut sein.

Symmetrische Wörter:

A N N A O T T O

<u>Nicht</u> **symmetrisch** sind:

M A M A P A P A

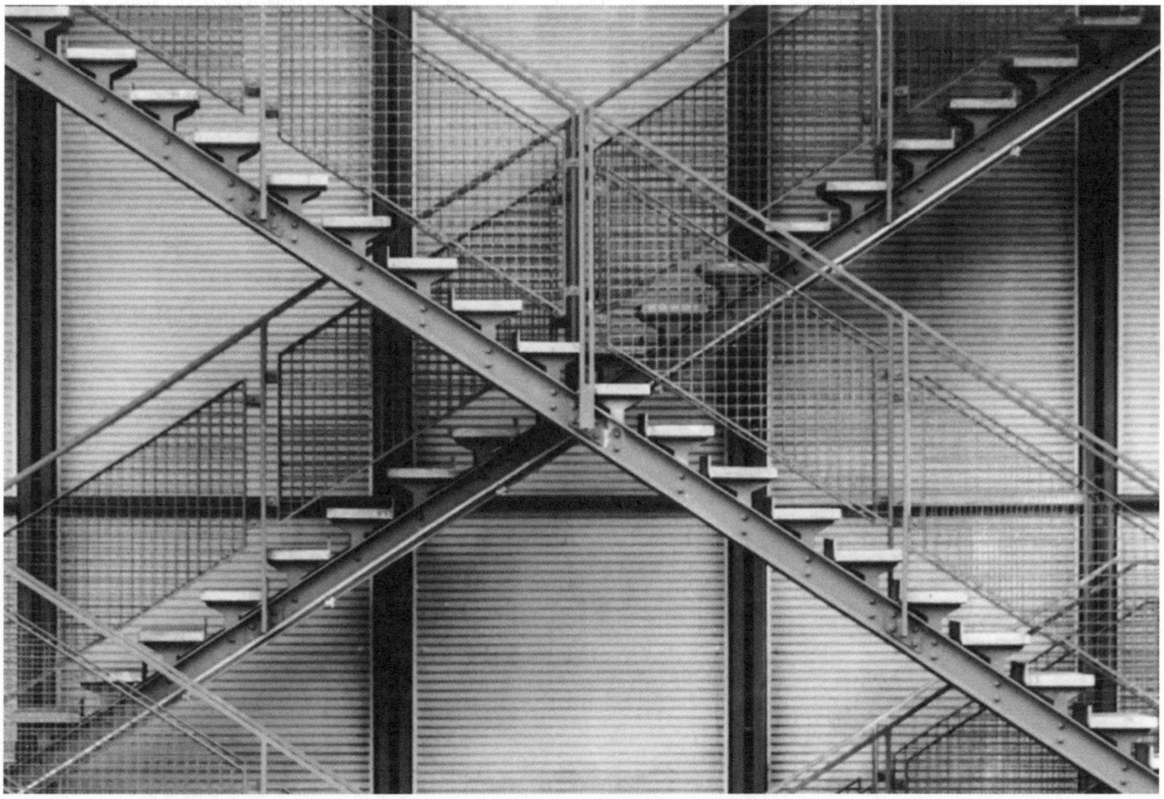

2.5 Schriftliches Addieren

Bei der schriftlichen Addition werden die Zahlen untereinandergeschrieben und einzeln von rechts (hinten) beginnend addiert. Überschreitet die einzelne Addition die Zehnerstelle, so wird diese für die nächste Addition vorgemerkt.

Beispiel:

```
  12345
   6789
+  9216
   1112
-------
  28350
```

2.6 Schriftliches Subtrahieren

Bei der schriftlichen Subtraktion werden die Zahlen untereinandergeschrieben und einzeln von hinten beginnend subtrahiert. Ist die untere Zahl größer als die obere Zahl, so leihst du dir von der nächsten Stelle eine Zehnerstelle und subtrahierst sie bei der ursprünglichen Zahl. Dies hört sich komplizierter an, als es ist, wie du an den Beispielen gleich erkennen kannst.

Beispiel:

$4^{16}\ 5^{10}$

~~5~~6~~6~~0

\- 1753

3907

Die Einzeloperationen pro Spalte lauten:

0 - 3 geht nicht -> es wird aus der nächsten Stelle eine zehn ausgeliehen 10 - 3 = **7** aus der 6 wird eine 5,

5 - 5 = **0**

6 - 7 geht nicht, es wird wieder aus der nächsten Stelle eine zehn ausgeliehen -> 16 - 7 = **9** aus der 5 wird eine 4 und 4 - 1 = **3**

→ du erhältst also die Zahl **3907**

Auf diese Art und Weise kann man beliebig viele Zahlen untereinander subtrahieren. Noch ein Beispiel um sicherzustellen, dass du es verstanden hast.

4^{15}

3~~5~~~~5~~

-126

229

5 - 6 geht nicht, deshalb wird von der nächsten Stelle, hier die 5 eine 1 ausgeliehen und dafür wird aus der 5 die 4, du rechnest also:

15 - 6 = **9**,

4 - 2 = 2 und

3 - 1 = **2**

→ somit erhältst du die Zahl **229**

2.7 Schriftliches Multiplizieren

Bei der schriftlichen Multiplikation schreibst du die beiden Faktoren nebeneinander, wobei du darauf achten solltest, die größere Zahl zuerst hinzuschreiben (rechnet sich leichter).
Ziehe nun einen Strich unter deine Rechnung und multipliziere die erste Zahl des zweiten Faktors mit dem ersten Faktor. Anschließend die zweite Zahl des 2. Faktors mit dem 1. Faktor, wobei du nun beim Ergebnis um eine Stelle nach rechts rücken musst und schließlich multiplizierst du die 3. Zahl des 2. Faktors mit dem 1. Faktor, und beim Ergebnis musst du wieder um eine Stelle nach rechts rutschen (dies wird solange durchgeführt, bist du alle Zahlen des zweiten Faktors mit dem ersten Faktor multipliziert hast).
Nun musst du die einzelnen Multiplikationen addieren und du erhältst dein Endergebnis.

Beispiel:

```
  9871 · 135 = 1332585
______________________
  9871        (1 · 9871)
  29613       (3 · 9871) – eine Stelle weiter rechts schreiben
+  49355      (5 · 9871) – eine Stelle weiter rechts schreiben
_____________________________________________________________
    2 2
 1332585
```

```
 921 · 24 = 22104
______________________
 1842        (2 · 921)
+ 3684       (4 · 921) – eine Stelle weiter rechts schreiben
_____________________________________________________________
  1 1 1
 22104
```

Tipp:

Wenn du große Zahlen, die auf Nullen enden, multiplizieren musst, kannst du im ersten Schritt die Nullen einfach weglassen und sie am Ende einfach wieder anhängen.

Beispiel: 5 · 800 = ________ Rechne: 5 · 8 = 40

Da du aber nicht mit 8 sondern mit 800 multiplizieren musst, hängst du einfach die zwei fehlenden Nullen an dein Ergebnis wieder an,

Das heißt: 40 wird zu 40**00** → 5 · 800 = 4000.

Oder: 50 · 800 = _______

Hier kannst du wie im ersten Beispiel rechnen:

5 · 8 = 40

Diesmal ist die eigentliche Aufgabe aber (50 · 800) insgesamt fehlen 3 Nullen. Kein Problem, du hängst einfach 3 Nullen an dein obiges Ergebnis an:

5**0** · 8**00** = 40**000**

2.8 Schriftliches Dividieren

Bei der schriftlichen Division, werden der Dividend und der Divisor nebeneinander hingeschrieben. Du nimmst die erste Zahl des Dividenden und rechnest, ob der Divisor hineinpasst.

Passt der Divisor hinein, so schreibst du das Ergebnis neben das ‚='-Zeichen und anschließend multiplizierst du dein Ergebnis mit dem Divisor und schreibst das Resultat wiederum unter den Dividenden.

Das Produkt, das du gerade erhalten hast, ziehst du von der Zahl, durch die du zuvor geteilt hast, ab und holst dir die nächste Zahl des Dividenden herab. Nun beginnst du wieder mit der Prüfung, ob der Divisor in diese Zahl hineinpasst und so weiter.
Dies ist verbal schwer auszudrücken, aber sieh dir einfach die folgenden Beispiele an.

Beispiele:

a) **625 : 25 = 25**

625 : 25 = **<u>2</u>5** 50 : 25 = **2**	Nebenrechnung(NR) zur Erläuterung 62 : 25 = **<u>2</u>** (R12) / 2 · 25 = 50
12 12**5** : 25 = **5**	62 - 50 = 12 (wenn du den Rest gleich ausrechnen kannst, kannst du dir die Multiplikation auch sparen, allerdings ist das bei hohen Zahlen nicht einfach) Zur 12 wird die nächste Zahl des Dividenden heruntergeholt (**5**) und du erhältst
125 (= 5 · 25)	die Zahl 125.
000 (= 125 - 125)	125 : 25 = 5 R0

b) 18954 : 3 = **6318**

18 : 3 = **6** R0

---

009 : 3 = **3** R0

-9

---

05 : 3 = **1** R2

-3

---

24 : 3 = **8** R0

-24

00

---

c) 18955 : 9 = 2106 R1

18 : 9 = 2 R0

---

009 : 9 = 1 R0

-9

---

05 : 9 = 0 R5

55 : 9 = 6 R1

-54

---

1 Rest!

ACHTUNG:
5 : 9 = 0 R5, also wird die nächste Zahl runtergeholt und die **Null muss beim Ergebnis hingeschrieben werden**!!!!

Tipp:
Auch bei der Division kannst du es dir etwas einfacher machen, wenn du mit großen Zahlen, die auf Nullen enden, rechnen musst. Hier kannst du im ersten Schritt die Nullen einfach weglassen und sie am Ende, falls nötig, wieder anhängen.

Beispiele:

350 : 7 = _______ Rechne: 35 : 7 = 5

Da du aber nicht 35 sondern 350 als Dividend (erste Zahl) hast, hängst du an dein Ergebnis einfach eine 0 an. Das heißt: 350 : 7 = **50**.

350 : 70 = _____ Rechne: 35~~0~~ : 7~~0~~ = 35 : 7 = 5

In diesem Beispiel hast du auf **beiden** Seiten Nullen stehen. Hier kannst du einfach auf beiden Seiten die **<u>gleiche Anzahl Nullen</u>** streichen. Dann brauchst du am Ergebnis noch nicht einmal etwas verändern.

Noch ein paar Beispiele zur Vertiefung:

350~~00~~ : 7~~00~~ = ________ Rechne: 350 : 7 = 50 (siehe 1. Beispiel)

40~~0~~ : 4~~0~~	=	4~~0~~	:	4	=	10
81~~0~~ : 9~~0~~	=	81	:	9	=	9
210~~0~~ : 7~~0~~	=	210	:	7	=	30
99~~000~~ : 33~~000~~	=	99	:	33	=	3

Beachte:

Du darfst nur die <u>gleiche</u> Anzahl Nullen auf beiden Seiten wegstreichen oder beim Dividend (linke Zahl) erst mal eine Null weglassen, dann musst du sie aber am Ende ans Ergebnis wieder anhängen!

Wenn du Lust hast, denke dir noch ein paar Beispiele hierzu aus und lasse sie von deinen Eltern oder älteren Geschwistern überprüfen!

3 6 0 : 6 0 =   1 2 0 : 1 0 =

2.9 Punkt vor Strich Regel

Die Punkt-vor-Strich-Regel ist eine sehr wichtige mathematische Regel.
In diesem Kapitel sollst du lernen, was es mit dieser Regel auf sich hat und wie sie funktioniert.

Beim Bearbeiten von mathematischen Aufgaben ist die Reihenfolge in der die Berechnungen durchführt werden wichtig. Hierzu haben Mathematiker Regeln aufgestellt, unter anderem die Punkt-vor-Strich-Regel. Punkt-vor-Strich ergibt sich aus den Symbolen für die Rechenoperationen.

Diese Regel besagt: Zuerst Multiplikation (·) und Division (:) rechnen und danach Addition (+) oder Subtraktion (-).

Anhand von Beispielen wollen wir dir diese nun veranschaulichen.

4 + 2 · 4 = 6 · 4 = ***24*** *(**falsche** Lösung)*

4 + 2 · 4 = 4 + (2 · 4) = 4 + 8 = **12** (**richtige** Lösung)

Wenn du gemischte Aufgaben hast, solltest du dir als erstes um die Punkt-Rechnung (· / :) eine Klammer setzen. Die Klammern sagen dir, diese Dinge gehören zusammen und müssen ausgerechnet werden. Generell gilt in der Mathematik, was in Klammer steht gehört zusammen und muss zuerst ausgerechnet werden.

Weitere Beispiele:

32 : 4 + 12 = **(32 : 4)** + 12 = **8** + 12 = **20**

30 + 15 : 3 = 30 + **(15 : 3)** = 30 + **5** = **35**

28 – 4 · 6 = 28 – **(4 · 6)** = 28 – **24** = **4**

Übungen: Rechne die Aufgaben aus, indem du immer erst das in Klammern setzt, was zusammengehört und somit zuerst gerechnet werden muss!

32 – 4 · 2 = ______________________________

9 · 10 – 55 = ______________________________

86 + 49 : 7 = ______________________________

Lösung zur Übung auf der vorherigen Seite:

32 – 4 · 2 = 32 – (4 · 2) = 32 – **8** = **26**

9 · 10 – 55 = (9 · 10) – 55 = **90** – 55 = **35**

86 + 49 : 7 = 86 + (49 : 7) = 86 + **7** = **93**

2.10 Teilbarkeitsregeln

In dieser Tabelle stehen ein paar Tipps, wie du ohne groß zu rechnen erkennen kannst, ob eine Zahl durch eine andere Zahl teilbar ist.

Eine Zahl ist genau dann teilbar durch:

Divisor	Regel für Dividend
2	wenn ihre letzte Ziffer eine 0 oder eine gerade Zahl ist, das heißt 2, 4, 6 oder 8 ist.
3	wenn die Quersumme (die Summe der einzelnen Ziffern) durch 3 teilbar ist.
4	wenn ihre letzten beiden Ziffern eine Zahl ergeben, die durch 4 teilbar ist.
5	wenn ihre letzte Ziffer eine 0 oder eine 5 ist.
8	wenn ihre letzten drei Ziffern eine Zahl ergeben, die durch 8 teilbar ist.
9	wenn die Quersumme durch 9 teilbar ist.
10	wenn ihre letzte Ziffer eine 0 ist.

Eine Division durch 0 ist grundsätzlich nicht erlaubt!

Ist der Dividend 0, so ist das Ergebnis **immer** 0, egal wie der Divisor (Teiler) heißt. Umgekehrt ist die Multiplikation mit 0 ebenfalls **immer** 0.

Beispiele:

0 : 8 = 0

8 · 0 = 0

100 · 0 = 0

2.11 Stochastik: Zufallsexperimente, Häufigkeiten und Wahrscheinlichkeiten

In der Grundschule ist die Stochastik seit Einführung des LehrplanPlus Teil des Mathematikunterrichtes.

Was ist Stochastik

„Stochastik" kommt von dem griechischen Wort „stochasmos" = „Vermutung" und ist der Oberbegriff für die drei Teilbereiche:

Stochastik

Kombinatorik Wahrscheinlichkeit Statistik

In der Kombinatorik sollen sich die Schüler der Problemstellung widmen: „Wie viele Möglichkeiten gibt es ...?" oder „Wie wahrscheinlich ist ein Ereignis?"

Ein zentrales Ziel der Stochastik in der Grundschule ist es, schon frühzeitig bei den Schülern ein Verständnis für das Zählprinzip zu erwirken.

Hier gilt es:

- Einfache kombinatorische Aufgaben durch Probieren bzw. systematisches Vorgehen zu lösen.
- Grundbegriffe der Wahrscheinlichkeitsrechnung wie z. B. sicher, unmöglich, wahrscheinlich zu kennen.
- Gewinnchancen bei einfachen Zufallsexperimenten (z. B. Glücksrad, Würfelspielen) einzuschätzen.
- Daten bei Untersuchungen und kleinen Experimenten zu sammeln und in Tabellen oder Diagrammen darzustellen.
- Informationen aus Tabellen und Diagrammen zu entnehmen.
- Verschiedene Darstellungen eines Sachverhalts miteinander zu vergleichen.

Beispiel: Eisessen ...

Paul isst sehr gerne Eis. Am liebsten mag er Schokolade (s), Vanille (v) und Erdbeere (e). Weil das Wetter so schön ist, darf er sich ein Eis mit drei Kugeln kaufen.

Wie viele verschiedene Möglichkeiten hat Paul für eine Eistüte mit drei Kugeln?

Gib einfach Mal einen Tipp ab: __________

Paul kann beliebig kombinieren zwischen Schoko, Vanille und Erdbeere, das heißt es gibt folgende Kombinationen:

Kombinationen	**Schoko**	**Vanille**	**Erdbeere**
sve	I	I	I
sss, vvv, eee	III	III	III
ssv	II	I	
sse	II		I
svv	I	II	
see	I		II
vve		II	I
vee		I	II

Es gibt insgesamt **10** unterschiedliche Möglichkeiten.

3. Wiederholung 3. Klasse – zeige was du kannst!

3.1 Probe 1 – Wiederholung

1. Addiere die Zahlen! 4/4

	6	7	8		5	7	9		4	9	3		6	5	1
	1					1	1			1	1			1	1
+	1	9	1	+	2	3	1	+	4	9	8	+	2	5	9
	8	6	9		8	1	0		9	9	1		9	1	0

2. Subtrahiere die Zahlen! Spitze! 4/3,5

	6	7	8		5	7	7		4	9	3		6	0	1
	1					1			1	1			1	1	
-	1	9	1	-	3	3	8	-	2	9	5	-	2	5	9
	4	8	7		2	3	9		1	9	8		3	4	2

!War 1

3. Rechne aus! Beachte die Punkt-vor-Strich-Regel! 6/6

12 : 4 + 12 = 15 ✓ (=3)

40 + 15 : 3 = 45 ✓ (=5)

77 – 4 · 8 = 45 ✓ (=32)

28 – 4 · 2 = 20 ✓

9 · 15 – 55 = ~~135~~ 80 ✓

86 + 49 : 7 = 93 ✓

4. Rechne in Schritten! 6/6

49 · 9 = 441 ✓
40·9=360
9·9=81 81+360=441

86 · 8 = 688 ✓
6·8=48 8·80=640
640+48=688

64 · 7 = 448 ✓
4·7=28 7·60=420
420+28=448

86 · 8 = 688

86 · 8 = 64 + 48 = 688

5. Multipliziere das Dreifache von 7 mit der Hälfte von 26! 3/3

Frage: Welche Zahl erhältst du?

Rechnung:

3 · 7 = 21 | 26 : 2 = 13 21 + 13 = 34 ✓

Antwort: Ich erhalte die Zahl 34 ✓

6. Subtrahiere von 72 das Vierfache von 7 und dividiere dann durch 11! 3/3

Frage: Welche Zahl erhältst du?

Rechnung:

Probe

4 · 7 = 28 72 - 28 = 44 44 : 11 = 4

Antwort: Ich erhalte die Zahl 4

7. Hr. Maier hat für seinen Kramerladen 1000 kg Birnen bestellt, die er in drei Lieferungen bekommt. Mit der ersten Lieferung bekommt er 466 kg. Die zweite Lieferung wog die Hälfte der ersten Lieferung. 4/0

466 + 233 = 699
1000 - 699 = 301 kg

Schwer!

Frage: Wie viel wog die dritte Lieferung?

Rechnung:

466 : 2 = 230 (3) 466 - 230 = 236

Antwort: Die dritte Lieferung wog ~~236 kg.~~ 301 kg

1000 kg

301 | 466 | 233

Viel Erfolg!
Von 30 Punkten hast du 25,5 Punkte erreicht. 2- ✓

3.2 Probe 2 - Wiederholung

1. Addiere deine Zahlen bzw. fülle die Lücken! (4)

= Falsch!

	1	7	8			8	7	9				4	9	3				3	6	3	
	1	1				1	1					1	1								
+	6	5	7		+	2	3	7			+	5	9	9			+	7	2	0	
-	8	3	5		1	1	1	6			1	0	9	2			-	-	-	-	
																	1	0	8	2	

2. Subtrahiere die Zahlen bzw. fülle die Lücken! (4)

	3	4	7			7	7	7				3	0	0				7	0	0	
	1	1				1	1											1	1		
-	1	9	8		-	2	8	8			-	3	9	5			-	2	1	8	
-	1	4	9		-	-	-	-			-	-	-	-			-	4	8	2	
					1	4	8	9					9	5							

3. Rechne aus! Beachte eine wichtige Rechenregel! (6)

32 : 4 + 12 = 20 (8)

55 + 63 : 3 = 76 (21)

69 – 5 · 6 = 39 (30)

56 – 4 · 2 = 48 (8)

3 · 17 – 17 = 34 (51)

167 + 44 : 4 = 178 (11)

4. Rechne in Schritten! (6)

32 · 4 = 128	64 · 8 = 312	55 · 9 = 505
30·4 = 120	8·60 = 280	9·50 = 450
2·4 = 8	4·8 = 32	5·9 = 55
120+8 = 128	280+32 = 312	450+55 = 505

5. Multipliziere das Vierfache von 6 mit der Hälfte von 48! (3)

Frage: Welche Zahl erhältst du?

Rechnung:

4 · 6 = 24   48 : 2 = 24   24 + 24 = 48

Antwort: Ich erhalte die Zahl 48.

6. Subtrahiere von 144 das Sechsfache von 4 und dividiere anschließend durch 3! 3

Frage: Welche Zahl erhältst du?

Rechnung:

6 · 4 = 24   144 - 24 = 120   120 : 3 = 40

Antwort: Ich erhalte die Zahl 40 ________________.

7. Benenne den Rechenablauf (benutze Fachwörter) folgender Grundrechenarten. 4

Addition: ______________________________

Subtraktion: ______________________________

Multiplikation: ______________________________

Division: ______________________________

Viel Erfolg!

Von 30 Punkten hast du ____ Punkte erreicht.

3.3 Probe 3 - Wiederholung

1. Addiere die Zahlen! — 4

	4	2	5				6	4	7				2	4	9				5	5	3	
+	2	4	4			+	2	1	4			+	5	0	6			+	5	2	9	

2. Rechne im Kopf! — 6

4 • 6 = ________ 56 : 8 = ________ 9 • 7 = ________

6 • 6 = ________ 36 : 12 = ________ 5 • 4 = ________

24 : 6 = ________ 81 : 9 = ________ 3 • 9 = ________

48 : 6 = ________ 40 : 8 = ________ 11 • 3 = ________

3. Rechne schriftlich, indem du sinnvoll zerlegst! — 4

a) 404 : 4 = __________ b) 663 : 3 = __________

c) 270 : 9 = __________ d) 864 : 8 = __________

4. Rechne aus! Beachte die Punkt-vor-Strich-Regel! — 3

56 – 16 : 2 = ______ 4 • 17 – 17 = ______ 121 + 44 : 4 = ______

5. Rechne in Schritten! — 3

72 • 8 = ______________ 87 • 4 = ______________

6. Ein Päckchen Kaugummi kostet 85 Cent. Paula kauft 3 Päckchen, ihr Bruder Nico kauft 5 Päckchen. Frage: ____ Rechnung: Antwort: ____	4
7. An Tinas Schule gibt es acht Klassen, in drei Klassen sind 24 Schüler, in vier Klassen 23 Schüler und eine Klasse hat 21 Schüler! Frage: ____ Rechnung: Antwort: ____	4
8. Benenne die lateinischen Begriffe folgender Grundrechenarten: Zusammenzählen ____ Teilen ____	2

Viel Erfolg!

Von 30 Punkten hast du ____ Punkte erreicht.

4. Zahlenraum bis 10.000

4.1 Probe 1 – Zahlenraum bis 10.000

1. Runde die Zahlen auf die nächste Zehnerstelle: (3)

1768	1770	3782	3780	7894	7890
1425	1430	8576	8580	9399	9400

2. Runde die Zahlen auf die nächste Hunderterstelle: (3)

1768	1800	3782	3800	7894	7900
1425	1400	8576	8600	9399	9400

3. Rechne aus! (6)

420 : 7 = 60	810 : 9 = 90	560 : 80 = 7
144 : 12 = ____	120 : 30 = 4	210 : 7 = 30

4. Rechne in sinnvollen Schritten! (je 1/2 Punkt für Rechenweg) (6)

455 : 5 = 90	568 : 8 = 70	640 : 5 = ____
45 : 5 = 9 0	56 : 8 = 7 0	____
____	____	____
924 : 3 = ____	567 : 7 = ____	824 : 4 = ____
____	____	____
____	____	____

5. Tina geht Schulhefte kaufen. Im Dreierpack kosten die Hefte 3,30 Euro und im Zehnerpack kosten sie 9,00 Euro! (4)

Frage: Um wie viel Cent ist das Heft im günstigeren Päckchen billiger?

Rechnung:

900 - 330 = 570

Antwort: Das günstigere Päckchen ist um 570ct günstiger.

6. Paul geht mit seiner Mama zum Einkaufen. Plötzlich sieht er ein lang ersehntes Computerspiel für 28,50 Euro. Da er nur 20 Euro hat, macht ihm seine Mutter den Vorschlag, ihm das Geld zu leihen. Er zahlt ihr das Geld wöchentlich in 50 Cent Raten zurück. Formuliere die Frage und rechne! 4

Frage: Wie viele Wochen brauch er um seiner Mutter das Geld zurück zu zahlen?

Rechnung:

4 · 50 = 200 + 600 = 800 + 50 = 8,50
14 + 18 = 22

Antwort: Er braucht 22 Wochen.

7. Hr. Maier kauft sich einen neuen Kleinwagen für 9.900,00 Euro. Er möchte ein Drittel anzahlen und den Rest in 12 Monatsraten abbezahlen. 4

Frage: Wie hoch ist seine monatliche Rate?

Rechnung:

Antwort: ______________________

Viel Erfolg!

Von 30 Punkten hast du _____ Punkte erreicht.

4.2 Probe 2 - Zahlenraum bis 10.000

1. Ordne die Zahlen der Größe nach! Beginne mit der kleinsten Zahl! 3

4392 8902 7982 1041 3218 4522

______ < ______ < ______ < ______ < ______ < ______

2. Ich habe eine Box mit Zahlen von 5001 bis 6000. 3

   a) Wie viele Zahlen sind in meiner Box? (1) ______________

   b) Schreibe 4 Zahlen auf, die durch 5 teilbar sind! (2)

   ____

3. Rechne aus! 8

7486 – 7 = ________	8005 – 30 = ________
6997 + 8 = ________	1350 + 700 = ________
3007 - 9 = ________	3050 – 330 = ________
3995 + 8 = ________	4697 + 500 = ________

4. Zahlenrätsel. Schreibe alle Rechenschritte auf! 3

Addiere 3600 und 2400. Dividiere dann das Ergebnis durch 12. Multipliziere nun deine Zahl mit dem doppelten von 3! Welche Zahl wird gesucht? ________

5. Rechne in sinnvollen Schritten! 7

a) 360 · 6 = ________ b) 530 · 5 = ________ 2

________________ ________________

________________ ________________

c) 890 · 2 = ______________ d) 980 · 3 = ______________ 2

______________ ______________

______________ ______________ 3

e) 365 · 4 = ______________ f) 123 · 7 = ______________

______________ ______________

______________ ______________

______________ ______________

6. Multipliziere die Summe aus 185 und 365 mit der Differenz aus 648 und 638. Dividiere das Ergebnis durch 5! **Welche Zahl erhältst du?** ______________ 4

Rechnung:

7. Thomas möchte sich ein Fahrrad kaufen. Er entscheidet sich für ein Fahrrad, das 628,00 Euro kostet. Er kauft sich noch einen Helm für 27,00 Euro und ein Paar Fahrradhandschuhe für 19,00 Euro. Für sein altes Fahrrad zahlt ihm der Händler noch 90,00 Euro. 3

Frage: Wie viel muss Thomas bezahlen?

Rechnung: Schreibe alle Rechenschritte auf!

Antwort: ______________________________

____

Viel Erfolg!

Von 31 Punkten hast du ____ Punkte erreicht.

4.3 Probe 3 - Zahlenraum bis 10.000

Aufgabe	Punkte
1. Rechne halbschriftlich! 7 · 86 = ______ 7 · 49 = ______ 126 : 6 = ______ 405 : 9 = ______	4
2. Rechne im Kopf! 7326 − 7 = ______ 2207 − 9 = ______ 9697 + 8 = ______ 1235 + 8 = ______ 300 · 5 = ______ 981 : 9 = ______	6
3. Multipliziere die Zahlen 12 und 3. Addiere zum Ergebnis das Vierfache von 11. Ergebnis: ______	3
4. Zahlenrätsel. Schreibe alle Rechenschritte auf! Wenn ich vom Neunfachen einer Zahl 51 abziehe, erhalte ich die Zahl 21. Welche Zahl wird gesucht? ______	3
5. Ergänze auf 10 000! a) 5210 b) 8420 c) 2819 d) 3191	4

6. Addiere die Summe aus 222 und 987 mit der Differenz aus 481 und 380. Dividiere das Ergebnis durch 5! Welche Zahl erhältst du? ______________ 4

Rechnung:

7. Familie Maier ist umgezogen und benötigt neue Möbel. Herr Maier kauft 6 Stühle für je 255,00 Euro, einen Tisch für 1034,00 Euro, eine Lampe für 635,00 Euro und ein Regal für 850,00 Euro. Er bezahlt mit neun 500 Euro Scheinen. 6

Frage: ____ ?

Rechnung: Schreibe alle Rechenschritte auf!

Antwort: ____

____

8. Paul, Lena und Marc lesen mit ihrer Klasse das Buch „Fußballfreunde". Das Buch hat insgesamt 128 Seiten. Paul hat schon dreimal so viele Seiten gelesen wie Lena. Marc hat das Buch schon zu Ende gelesen. Er hat 8 Seiten mehr gelesen als Paul. Wie viele Seiten des Buches hat Lena schon gelesen? 3

Antwort: ____

Viel Erfolg!

Von 33 Punkten hast du _____ Punkte erreicht.

5. Rechnen mit Einheiten und Geometrie

5.1 Probe 1 – Rechnen mit Einheiten

1. Rechne in die angegebene Einheit um! 8

s	min
540 s	
660 s	
	8 min
	5 min 32 s

min	h
180 min	
330 min	
	$2\frac{1}{2}$ h
	9 h 45 min

2. Ergänze! 4

a) 1 h = ________ min = __________ s

b) Eine Dreiviertelstunde hat _______ min, das sind _________ s.

c) 1 Jahr hat _________ Wochen, das sind __________ Tage.

d) 1 Monat hat etwa _______ Tage, das sind ungefähr ________ Wochen.

3. Ergänze die Tabelle entsprechend dem Beispiel in Spalte 2! 4

Beginn	**06:30 Uhr**	11:15 Uhr		07:45 Uhr	04:46 Uhr
Ende	**10:43 Uhr**		11:32 Uhr		23:37 Uhr
Dauer	**4 h 13 min**	2 h 8 min	2 h 27 min	13h 26 min	

4. Sortiere der Größe nach! Beginne mit dem Kleinsten! 4

1000 ml 265 ml $\frac{1}{2}$ l $1\frac{1}{2}$ hl 1,5 l $\frac{1}{4}$ l 750l 1/3 l

____

____

5. Setze den richtigen Operator ein: >, <, = ! 3

a) 2500 ml ______ 2,5 l b) 350 ml _____ $\frac{3}{4}$ l c) 0,33 ml _____ $\frac{1}{4}$ l

d) 0,8 l ______ 800 ml e) 50 l _____ 5000 ml f) 0,45 l _____ $\frac{1}{4}$ l

6. Rechne in die angegebene Einheit um! 8

ml	l
30 ml	
	$\frac{3}{4}$ l
	10 l
2500 ml	

l	hl
	1 hl
10000 l	
50 l	
	30,5 hl

7. Julius möchte jeden Morgen $\frac{1}{4}$ l Kakao zum Frühstück. In der Pause trinkt er einen halben Liter Mineralwasser. Zum Mittagessen 0,3 l Saftschorle. Nach dem Tennistraining hat er großen Durst und baucht 1,5 l Leitungswasser. Zum Abendessen trinkt er nochmals 250 ml Saftschorle und vor dem Schlafgehen noch 0,2 l heißen Früchtetee. 3

Frage: Wie viel trinkt Julius an einem Tag?

Rechnung:

Antwort:

____

Viel Erfolg!

Von 42 Punkten hast du ____ Punkte erreicht.

5.2 Probe 2 - Geometrie

1. Erkennst du die Körperformen? Schreibe den Namen des Körpers auf! 6

Aussage	**Körper**
Er ist von allen Seiten völlig gleich.	
Er hat eine Spitze und seine Grundfläche ist rund.	
Er hat zwei Kreise als Flächen.	
Er hat hauptsächlich Dreiecke als Flächen.	
Der Körper hat weder Kanten noch Ecken.	
Er hat zwölf Kanten und immer vier davon sind gleich groß.	

2. Welche Körper sind hier dargestellt? 2

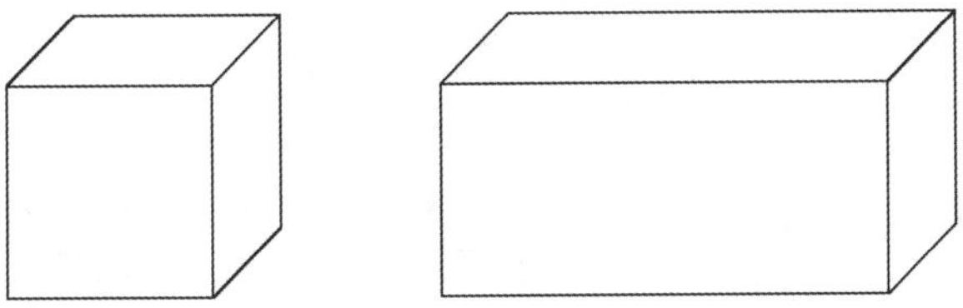

_______________ _______________

3. Benenne die Körper! 4

1 _______________ 2 _______________

3 _______________ 4 _______________

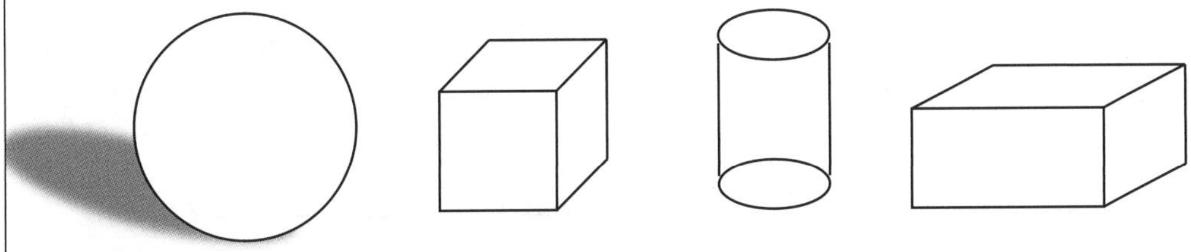

1 2 3 4

4. Gib an, bei welchen Netzen es sich um Würfelnetze handelt! Schreibe die entsprechenden Zahlen auf! 10

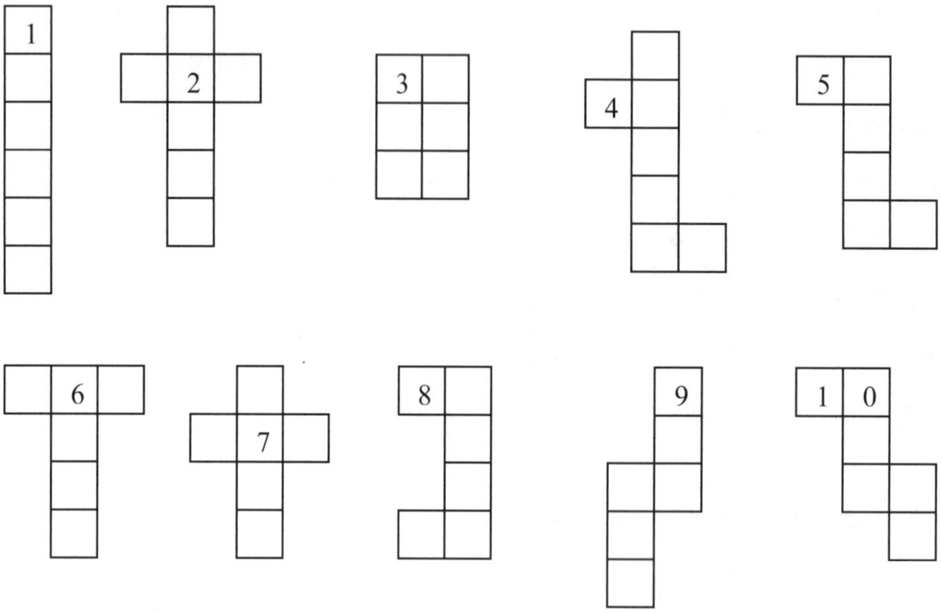

____

5. Bezeichne die Formen! 8

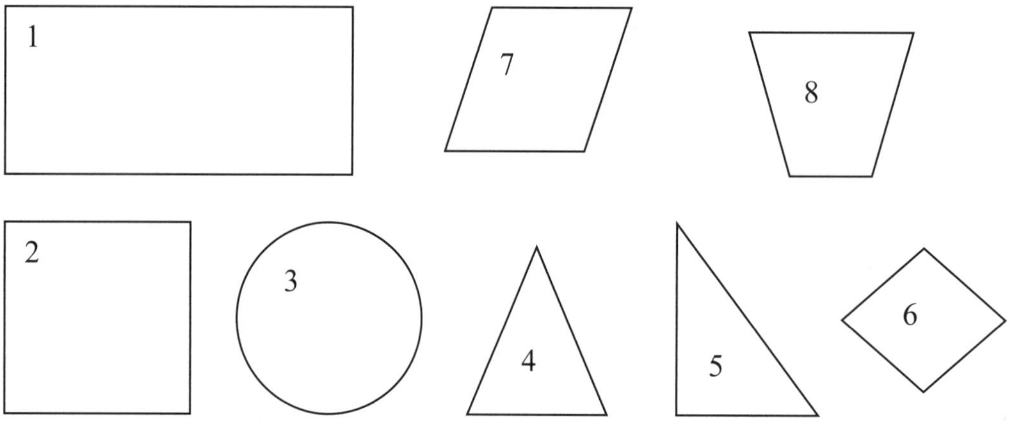

1 ______________________ 2 ______________________

3 ______________________ 4 ______________________

5 ______________________ 6 ______________________

7 ______________________ 8 ______________________

6. Gib die Ecken und Kanten folgender Körper an! 6

	Würfel	Quader	Kegel	Zylinder	Kugel	Pyramide
Ecken						
Kanten						

7. Stefan möchte ein großes Becken mit Wasser füllen, um seinen Hund darin zu baden. Jeder der Eimer soll <u>gleich oft</u> in das große Becken ausgegossen werden. <u>Wie oft muss jeder Eimer</u> ausgegossen werden, damit die <u>Wanne komplett gefüllt</u> ist? 3

180 l 15 l 8 l 5 l 2 l

Viel Erfolg!

Von 39 Punkten hast du ____ Punkte erreicht.

5.3 Probe 3 – Geometrie

1. Kreuze an, ob die Aussagen wahr (w) oder falsch (f) sind! 6

Aussage	**w**	**f**
Der Quader hat 10 Ecken.		
Die Kugel hat keine Kanten und keine Ecken.		
Ein Würfel hat 8 Begrenzungsflächen.		
Der Kegel hat eine gebogene Kante.		
Der Quader hat 8 Ecken und 12 Kanten.		
Der Würfel hat 16 Kanten und 8 Ecken.		
Die Pyramide hat 5 Ecken.		
Der Kegel hat keine Ecken.		
Der Zylinder hat keine Kanten.		
Der Zylinder wird aus einem Rechteck und zwei Kreisen gebildet.		
Eine Pyramide wird aus vier Dreiecken gebildet.		
Der Quader ist eine Sonderform eines Würfels.		

2. Die folgenden Sätze treffen für Quader, Würfel oder beide oder auch gar nicht zu. Kreuze die richtigen Antworten an! 6

	Würfel	**Quader**	**Weder noch**
Ich habe 8 Ecken.			
Ich habe quadratische Flächen.			
Ich habe 12 gleichlange Kanten.			
Jeweils vier meiner Kanten sind gleich lang.			
Meine gegenüberliegenden Flächen sind gleich groß.			
Ich habe 8 Flächen.			

3. Gib an, bei welchen Netzen es sich um Würfelnetze handelt! 10

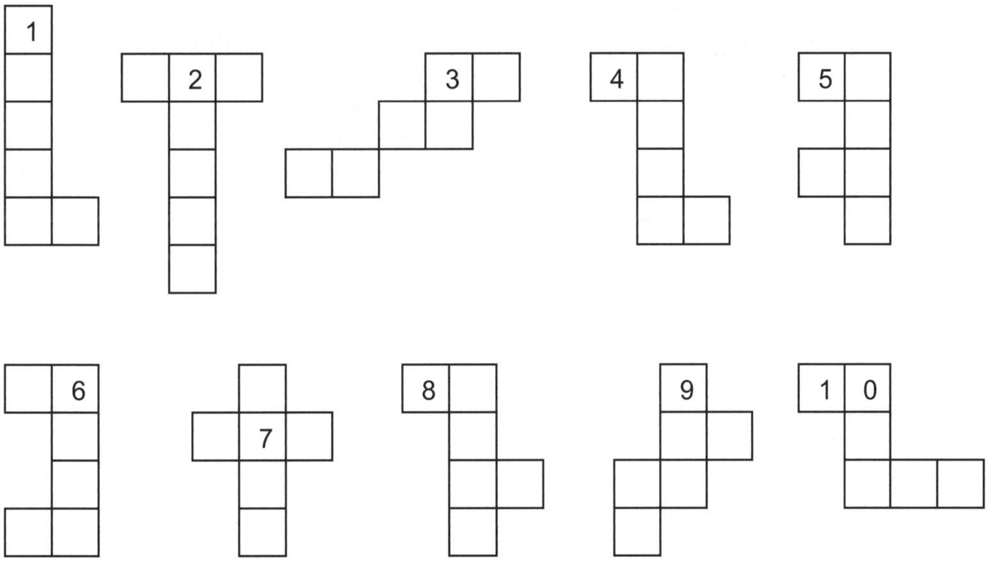

____

4. Bezeichne die Formen! 8

1 ____________________ 2 ____________________

3 ____________________ 4 ____________________

5 ____________________ 6 ____________________

7 ____________________ 8 ____________________

5. Nenne zwei Körper, die keine Ecken haben! ________________ ________________	2
6. Welche Körper kennst du, die weder Ecken noch Kanten haben? ________________________________	1
7. Diese Quadernetze sind unvollständig. Ergänze sie!  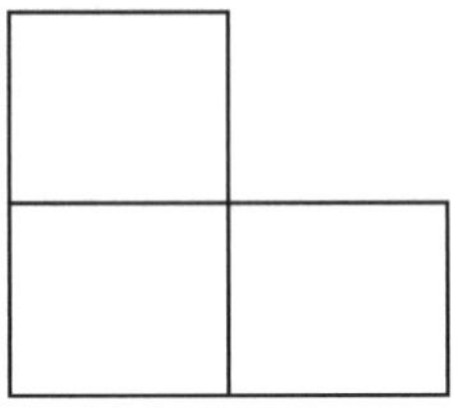	2

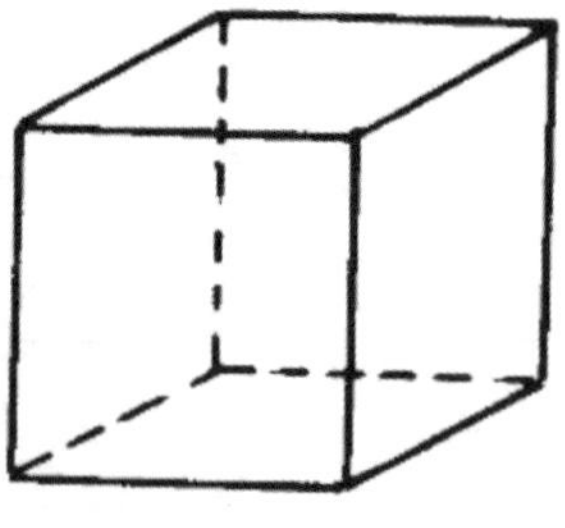

Viel Erfolg!

Von 35 Punkten hast du _____ Punkte erreicht.

5.4 Probe 4 – Geometrie

1. Kreuze an, ob die Aussagen wahr (w) oder falsch (f) sind! 5

Aussage	w	f
Der Quader hat lauter gleich lange Kanten.		
Die Kugel hat keine Kanten und keine Ecken.		
Ein Quader hat 6 Begrenzungsflächen.		
Der Kegel hat keine Kante.		
An jeder Quaderkante stoßen zwei Flächen zusammen.		
Die Pyramide hat 8 Kanten.		
Der Kegel hat keine Ecken.		
Der Zylinder hat eine Kante.		
Der Zylinder wird aus einem Rechteck und einem Kreis gebildet.		
Ein Würfel hat zehn Kanten.		

2. Welche Körper sind hier dargestellt? Beschrifte die Figuren! 2

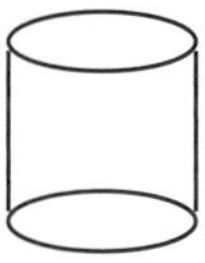 ____________________ 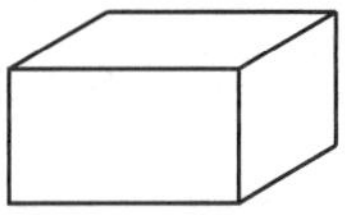 ____________________

3. Zeichne ein mögliches Würfelnetz und ein Quadernetz! 4

4. Ein Rechteck hat die Seite a = 5 cm und die Seite b = halb so lang wie a. Zeichne das Rechteck maßstabsgetreu! 2

5. Kreuze die Netze an, die sich zu einem Würfel falten lassen! 5

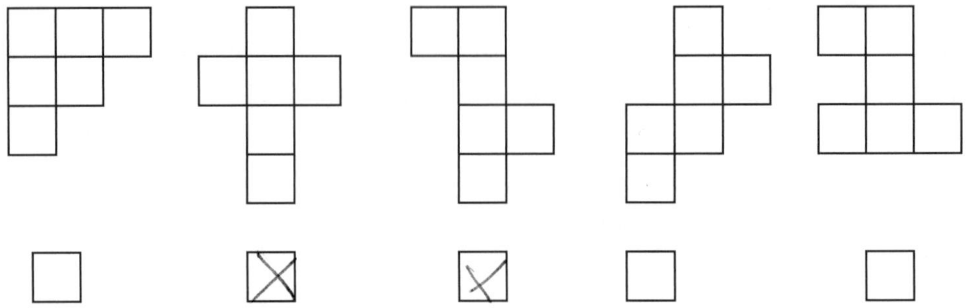

6. Bezeichne die Formen! 8

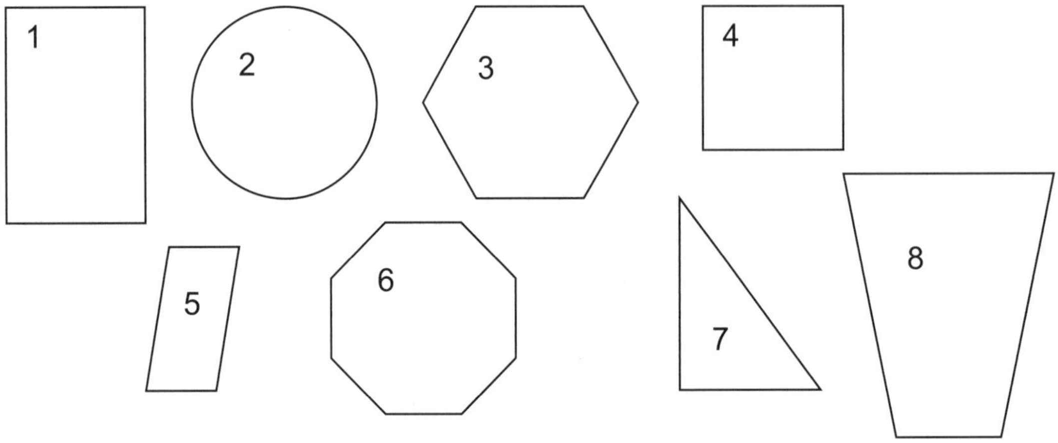

1 Rechteck 2 Kreis 3 Sechseck

4 Viereck 5 ______ 6 ______

7 ______ 8 ______

7. Zeichne ein Quadrat mit der Seitenlänge 2 cm! 1

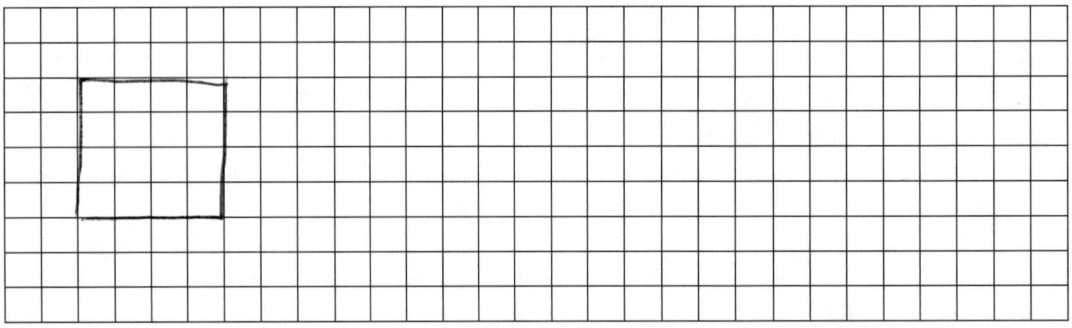

8. Zeichne mit Hilfe eines Zirkels einen Kreis mit dem Radius r = 3 cm und einen zweiten Kreis mit dem Durchmesser d = 5 cm! 2

9. Zeichne einen Punkt P, der von der Geraden a den Abstand 2 cm und von der Geraden b den Abstand 3,5 cm hat! 2

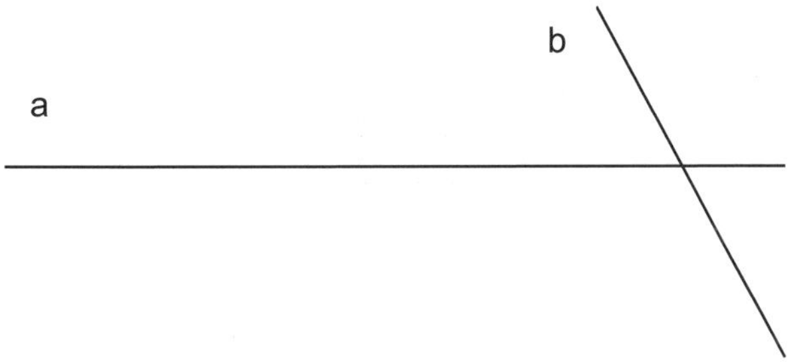

10. Zeichne jeweils zwei Geraden in das Kästchen mit 3

0 Schnittpunkten | 1 Schnittpunkt | 2 Schnittpunkten

Viel Erfolg!

Von 34 Punkten hast du _____ Punkte erreicht.

5.5 Probe 5 – Geometrie / Symmetrieachsen

1. Finde die möglichen Symmetrieachsen, zeichne sie ein und schreibe die Anzahl auf! — 6

Anzahl: 1 Anzahl: 0 Anzahl: 0

2. Verschiebe die grauen Kästen nach der angegebenen Vorschrift! — 4

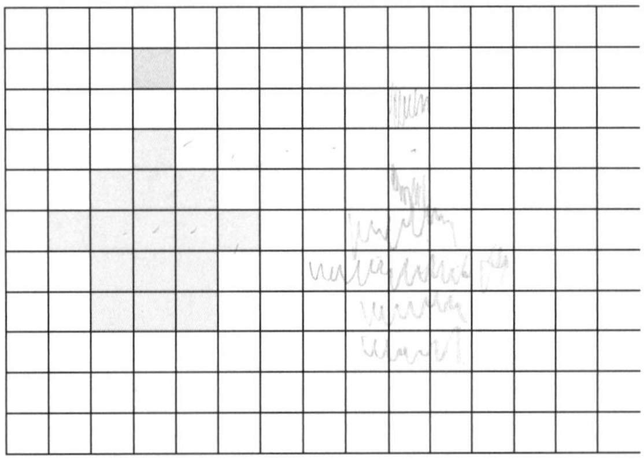
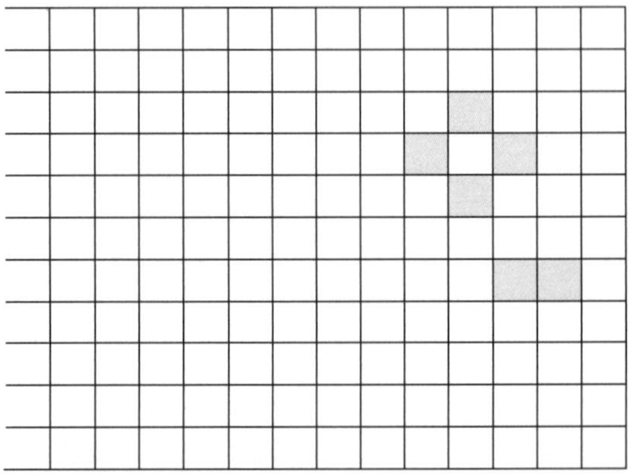

1 nach unten, 6 nach rechts 2 nach unten, 5 nach links

3. Drehe die erste Figur um eine Vierteldrehung nach rechts um den vorgegebenen Drehpunkt und die zweite um eine halbe Drehung nach links! — 6

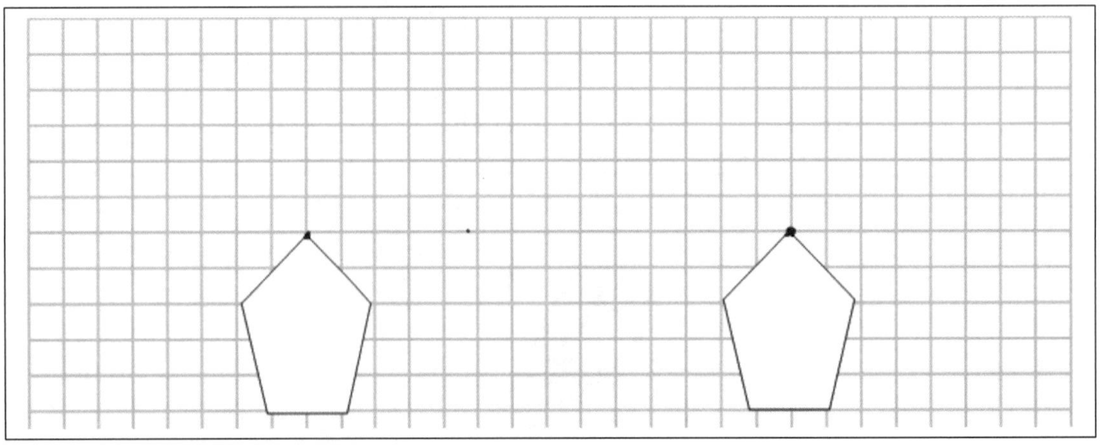

4. Ergänze! 6

a) Wie viele Würfel musst du hinzufügen, bis ein Quader entsteht?
b) Aus wie vielen Würfel besteht dann der Quader?

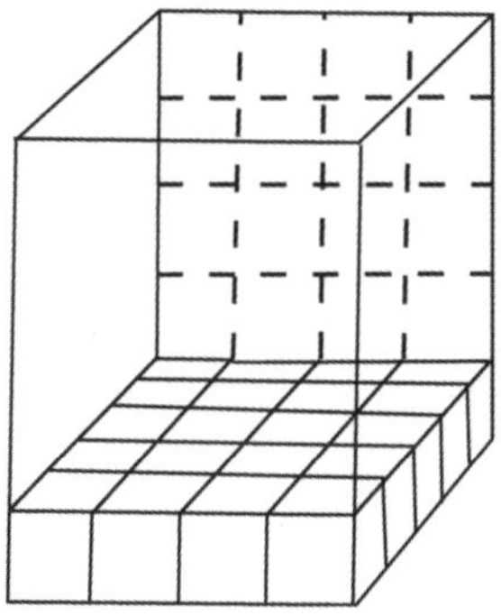

a) ________________

b) ________________

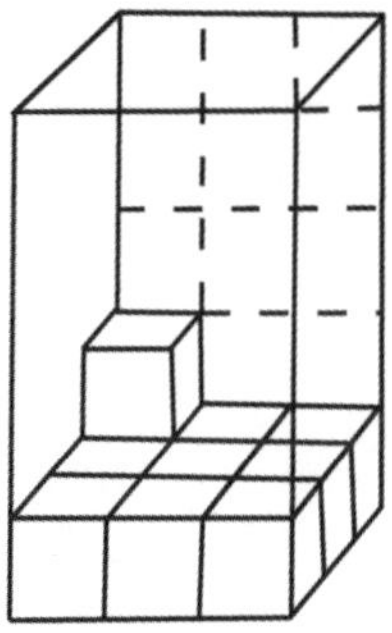

a) ________________

b) ________________

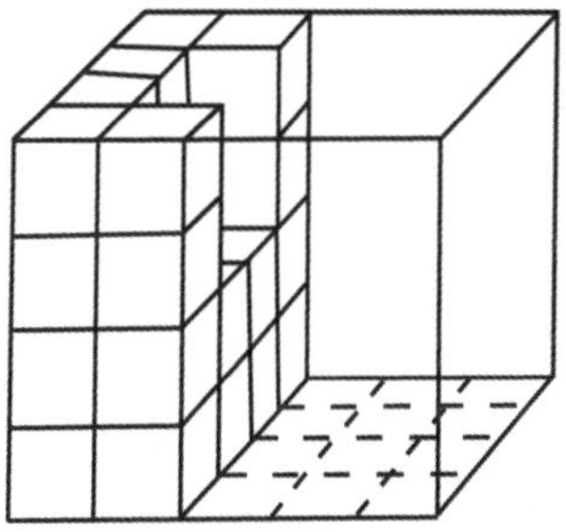

a) ________________

b) ________________

5. Spiegele die Figuren an der eingezeichneten Achse! Verwende ein Lineal! 4

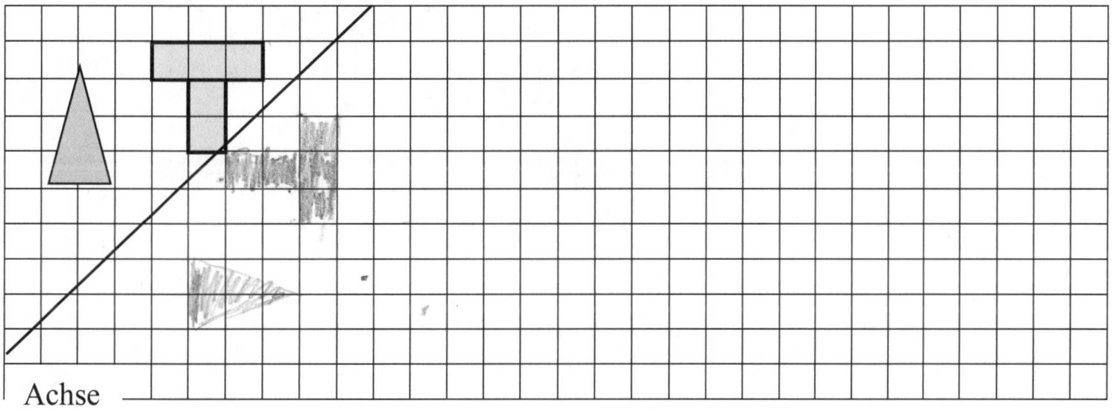

6. Ergänze den Text! 4

Ein Rechteck hat ____________________ Ecken.

Ein Quadrat hat __________ Seiten, die alle ____________________ sind.

Ein 90° Winkel heißt ____________________ Winkel.

Parallelen haben ________________ Schnittpunkt.

7. Zeichne mit dem Geodreieck ein Rechteck, in welchem du alle rechten Winkel kennzeichnest, mit folgenden Maßen: Länge = 8 cm; Breite = 2 cm; 2

8. Zeichne eine Senkrechte zu a, die durch den Punkt B führt. Verwende ein Geodreieck. (2)

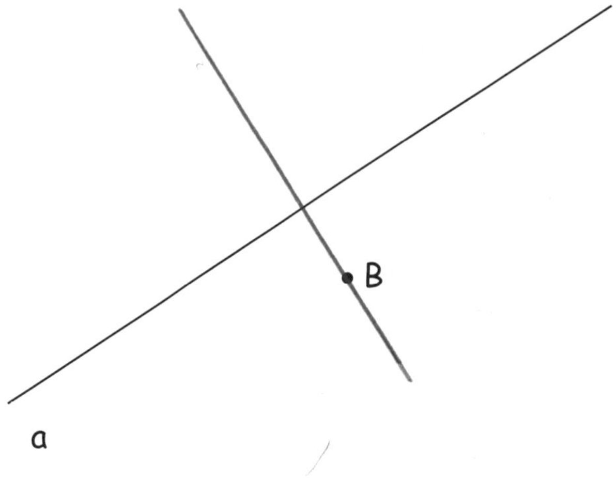

9. Verdopple die eingezeichneten geometrischen Figuren. (2)

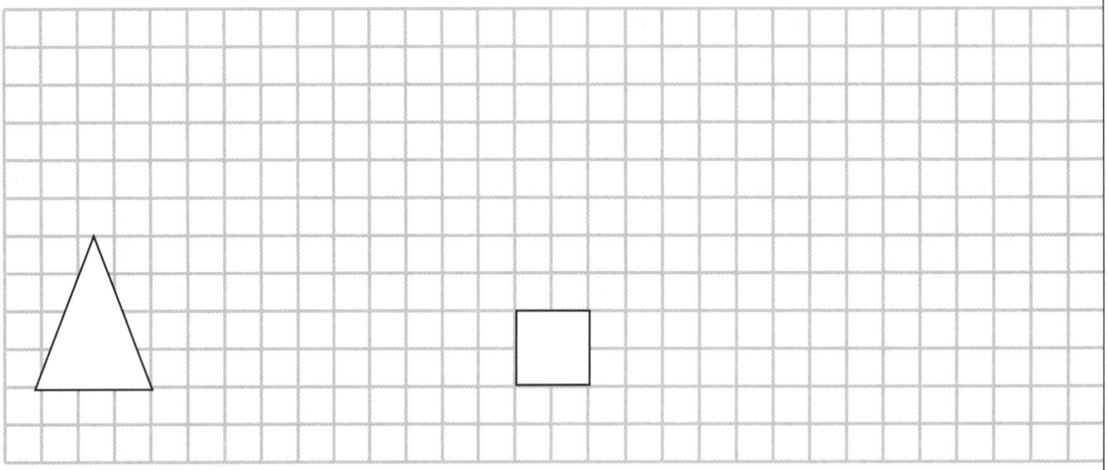

Viel Erfolg!

Von 36 Punkten hast du ____ Punkte erreicht.

6. Zahlenraum bis 1.000.000

6.1 Probe 1 – Zahlenraum bis 100.000

1. Ordne die Zahlen der Größe nach! Beginne mit der kleinsten Zahl! 3

46392 82902 74982 10241 32108 43522

________ < ________ < ________ < ________ < ________ < ________

2. Ich habe eine Box mit Zahlen von 25001 bis 26000. 8

a) Wie viele Zahlen sind in meiner Box? ________________ 1

b) Schreibe 4 Zahlen aus der Box auf, deren Quersumme 10 ergibt! 2

____

____

c) Schreibe 3 Zahlen auf, die durch 3 teilbar sind! 3

____

d) Schreibe 4 Zahlen auf, die durch 5 teilbar sind! 2

____

3. Rechne aus! 8

27486 − 7 = ________	58005 − 30 = ________
66997 + 8 = ________	18350 + 700 = ________
30007 − 9 = ________	30050 − 330 = ________
33995 + 8 = ________	64697 + 500 = ________

4. Zahlenrätsel. Schreibe alle Rechenschritte auf! 3

Addiere 12600 und 11400 und dividiere dann das Ergebnis durch 12. Multipliziere nun deine Zahl mit dem Doppelten von 3! Welche Zahl wird gesucht? ________

5. Multipliziere die Summe aus 185 und 374 mit der Differenz aus 648 und 571. Dividiere das Ergebnis durch 43! Welche Zahl erhältst du? ____________ 4

6. Herr Maier kauft sich einen Neuwagen für 31.900,00 Euro. Er hat dafür bereits 1 Jahr lang monatlich 550,00 Euro gespart. Für sein altes Auto erhält er noch 4.300,00 Euro vom Händler. In 30 Monaten möchte er sein Auto abbezahlt haben. Wie hoch ist seine monatliche Rate? 4

Antwort: ____

____

7. Familie Schmid möchte ein neues Auto kaufen. 7

Bei Barzahlung erhalten sie den Wagen um den zehnten Teil billiger.

Sie können aber auch nur die Hälfte des Preises anzahlen und den Rest in 36 Monaten mit einer monatlichen Rate von 460 € begleichen,

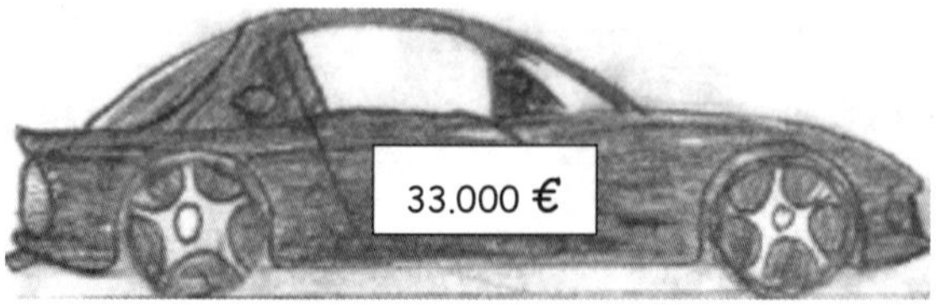

Berechne den Preisunterschied zwischen den beiden Angeboten!

A: ____

Viel Erfolg! Von 37 Punkten hast du _____ Punkte erreicht.

6.2 Probe 2 - Zahlenraum bis 100.000

1. Zahlendiktat: Bitte jemanden dir fünf Zahlen zwischen 10.000 und 100.000 zu diktieren! ________________________________ ________________________________	2,5
2. Schriftliches Addieren. Schreibe untereinander und rechne dann! a) 25695 + 99 + 3756 + 788 = ________________ b) 36375 + 1425 + 6907 + 83 = ________________	2
3. Schriftliches Subtrahieren. Schreibe untereinander und rechne dann!	4
a) 90460 - 57634 = ________________	1
b) 100000 - 94850 = ________________	1
c) 45500 - 17810 - 21011 = ________________	2

4. Setze die Zahlenfolgen fort: 12350, 12410, 12470, ____, ____, ____ 42219, 42214, 42209, ____, ____, ____ 73900, 62800, 51700, ____, ____, ____	4,5
5. Rechne im Kopf! 5 · 8000 = ____ 8 · 7000 = ____ 50 · 900 = ____ 540 : 9 = ____ 4000 : 8 = ____ 66000 : 60 = ____ 4800 : 600 = ____ 49000 : 70 = ____	8
6. Multipliziere die Summe aus 15 und 45 mit der Differenz aus 648 und 348. Addiere zum Ergebnis das Doppelte von 11000. Dividiere das Ergebnis durch 80! Welche Zahl erhältst du? ____ Rechnung:	6
7. Rechne mit dem nächstliegenden Hunderter!	6

Aufgabe:	**Überschlag (= Ü)**	**Schreibe Ü ‚liegt über' oder ‚liegt unter' dem exakten Ergebnis (E)**
328 · 6	300 · 6 = 1800	Ü liegt **unter** dem exakten E
583 · 8		
9827 · 7		
1312 · 4		

Viel Erfolg!

Von 33 Punkten hast du ____ Punkte erreicht.

6.3 Probe 3 - Zahlenraum bis 1.000.000

1. Schreibe in Ziffern! 4

1HT 4ZT 3H 5E = ______________ 4ZT 3T 7E 12Z = ______________

2E 4ZT 5HT 3H = ______________ 4T 3ZT 3Z = ______________

2. Wie heißen die Zahlen? 3

einhundertsiebentausendvier = ____________________

fünfhundertsiebzigtausendeinundneunzig = ____________________

dreihundertfünfundachtzigtausendsechshundertzwei = ____________________

3. Schriftliches Addieren. Schreibe untereinander und rechne dann! 2

a) 624295 + 909 + 31506 + 18 = ____________________

b) 246375 + 12425 + 6007 + 823 = ____________________

4. Schriftliches Subtrahieren. Schreibe untereinander und rechne dann! 3

a) 220110 - 77123 = ____________________ 1

b) 839806 - 218107 - 110112 = ____________________ 2

5. Welche seltsame Zahl könnte dies sein! Paul multipliziert sie mit 7 und Julius multipliziert sie mit 7000. Beide erhalten dasselbe Ergebnis! 1

Ergebnis: ______________

6. Paul steht in der Hotelgarage und zählt 24 Motorräder, mehrere Autos und 160 Reifen. 4

Frage: ______________

Antwort: ______________

7. Setze die Zahlenfolgen fort! 3

123 500, 123 611, 123 722, ______, ______, ______

732 418, 732 918, 733 418, ______, ______, ______

8. Rechne im Kopf! 8

a) 15 · 15 = ______ 7 · 30000 = ______

b) 33 · 900 = ______ 3333 : 3 = ______

c) 64000 : 8 = ______ 120000 : 40 = ______

d) 7200 : 60 = ______ 121 : 11 = ______

9. Rechne schriftlich! 4

a) 3372 : 6 = ______ b) 19221 : 3 = ______

10. Schreibe die größte sechsstellige Zahl auf! ______ 1

11. Rechne aus! 4

428 • 23 = ________________ 475 • 12 = __________________

12. Linus wünscht sich schon lange einen IPOD. Er kostet 234,00 Euro. Er hat bereits 72,00 Euro gespart. Zum Geburtstag bekommt er von seiner Patentante 50,00 Euro, von seiner Schwester bekommt er 15,00 Euro und von seiner Oma erhält er noch 25,00 Euro. 3

a) Wie viel Geld fehlt ihm noch? ______________

b) Seine Eltern leihen ihm den Rest, den er in 6 Monatsraten zurückzahlen soll. Wie hoch ist eine Monatsrate? ______________

13. Achtung Fehler! Überprüfe die Aufgaben und notiere darunter, um welchen Fehler es sich handelt: **Einmaleinsfehler**, **Fehler bei Merkzahlen**, **Fehler beim Addieren** oder **falsche Stellenschreibweise**! 5

	8	9	1	•	5	
		4	4	5	0	

	6	1	3	•	2	5	
	1	2	2	6			
	3	0	6	5			
	4	2	9	1			

	1	8	6	•	4	5	
	7	4	4				
		9	3	0			
	2	1					
	9	4	7	0			

Viel Erfolg!

Von 45 Punkten hast du ____ Punkte erreicht.

6.4 Probe 4 - Zahlenraum bis 1.000.000

1. Schreibe die Zahlen untereinander und rechne dann! 3

a) 14598 + 99 + 7563 + 877 = ______________________

b) 142536 + 1425 + 66821 + 47 = ______________________

c) 72787 + 378219 = ______________________

2. Rechne auch hier, indem du die Zahlen untereinanderschreibst! 3

a) 425624 - 34567 = ________________

b) 1000000 - 389253 = ________________

c) 455007 - 378220 = ________________

3. Rechne aus! 4

7270 · 13 = ______________ 25 · 25 = ______________

4. Setze die Zahlenfolgen fort! 4

13700, 14400, 15100, ____________, ____________, ____________

424223, 424236, 424249, ____________, ____________, ____________

639000, 529000, 419000, ____________, ____________, 89000

5. Rechne schriftlich! 4

135621 : 3 = ______________ 1830 : 15 = ______________

6. Multipliziere schriftlich! 4

a) 135 · 34 = ______________ b) 130 · 15 = ______________

7. Maya hat die Ziffernkombination von ihrem Fahrradschloss vergessen. Sie kann sich aber noch an alle Ziffern erinnern, die vorkommen: 1, 3, 5, 9. 4

a) Wie viele Lösungsmöglichkeiten hat Maya? → Berechnung!

b) Wie viele Lösungsmöglichkeiten gibt es insgesamt bei einem Schloss mit vier Zahlen und den Ziffern 0 - 9?

8. Karls Eltern haben im Lotto 1.000.000,00 Euro gewonnen. Die Eltern kaufen ein Haus für 573.000,00 Euro und Karl bekommt ein Fahrrad für 738,00 Euro. 4

a) Über wie viel Euro können Karls Eltern noch verfügen?

b) In den Sommerferien macht die Familie eine lange Studienreise. Die Reise kostet pro Person 5.325,00 Euro. Wie viel Geld bleibt der Familie am Ende übrig?

Rechnung:

Antwort:

a) ______________________________

b) ______________________________

9. Linus räumt die 24 Bände seines Lexikons ins Regal. Ein Band ist 6 cm und 3 mm breit. Wie viel Platz belegt Linus in seinem Regal? 2

Antwort: ______________________________

10. Familie Maier verbringt die Sommerferien für 14 Tage in einem Luxushotel am Tegernsee. Zur Familie gehören Vater Martin, Mutter Clara, der zwölfjährige Julius, die neunjährige Nina, und die zweijährigen Zwillinge Paul und Linus. 6

Berechne den Aufenthalt für die ganze Familie mit Halbpension:

____

Grandhotel Vier Jahreszeiten

(Preise pro Tag pro Person)

	Übernachtung mit Frühstück	Halbpension	Vollpension
1 Nacht	99,00 €	109,00 €	115,00 €
2 - 4 Nächte	93,00 €	103,00 €	109,00 €
ab 5 Nächten	85,00 €	96,00 €	101,00 €

Kinder bis 11 Jahre zahlen den halben Preis, Kinder bis 2 Jahre sind frei.

____

Antwort: ______________________________

Viel Erfolg!

Von 38 Punkten hast du ____ Punkte erreicht.

6.5 Probe 5 - Zahlenraum bis 1.000.000

1. Schreibe die Zahlen in Ziffernschreibweise auf! **2**

Dreihundertsiebenundzwanzigtausendvierunddreißig ____________

Zweihundertsiebenundvierzigtausenddrei ____________

2. Wie heißen die Zahlen? **4**

6HT 3T 5H 2E	6003502	5ZT 2HT 2H 2T	________
8ZT 4Z 5HT	~~80~~ 580040	2HT 3T 12Z 5E	________
8HT 3Z 5H 7E	________	3E 2HT 7H 2T	________
5H 6Z 7HT 1E	________	2H 3ZT 2Z 9E	________

700 000
80 000
40

3. Schreibe die Zahlen untereinander und rechne dann! **4**

a) 13248 + 17416 + 7333 + 877 = ____________

b) 17416 + 11135 + 2121 + 47 = ____________

c) 455007 – 378220 = ____________

d) 425624 – 34567 – 7392 = ____________

4. Wie kannst du - ohne die Rechnung auszurechnen - ermitteln, ob eine Zahl durch 3 teilbar ist? **1**

Antwort: ____

5. Rechne im Kopf! 4

839699 + 5 = ______________ 723991 – 111 = ______________

420000 – 3 = ______________ 73000 – 47000 = ______________

6. Rechne schriftlich! 4

a) 1369 · 12 = ______________ b) 4364 · 14 = ______________

7. Dividiere schriftlich und mache anschließend die Probe! 9

PROBE:

18306 : 6 =

14445 : 5 =

52327 : 11 =

8. Rechne aus! 4

a) 13692 : 21 = ______________ b) 3444 : 14 = ____________

Rechnen mit Größen:

9. Wandle in die angegebenen Einheiten um! 8

3 m 40 cm	cm	634 l	hl
6 kg 29 g	g	18 $\frac{1}{2}$ m	cm
82 hl 3l	l	83 cm	mm
7 t 74 kg	kg	52 kg	t

10. Die Lehrerin der Klasse 4 a fährt täglich 14 km und 352 m zur Schule hin und zurück. Wie viele Kilometer fährt sie in einer Woche? Schreibe in Kommaschreibweise! 2

Antwort: ____

Viel Erfolg!

Von 42 Punkten hast du _____ Punkte erreicht.

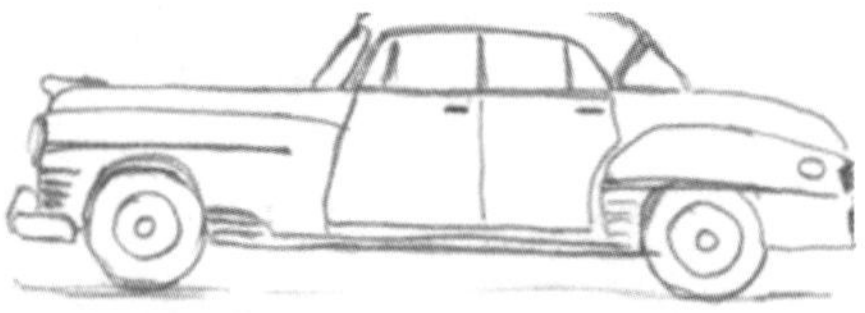

6.6 Probe 6 – Zahlenraum bis 1.000.000

1. Rechne im Kopf! (6)

750000 + 280000 = 1030.000

335000 + 180000 = 515.000

570000 + 230000 = 1100000

560000 – 130000 = 430000

710000 – 150000 = 560000

420000 – 235000 = 185000

2. Rechne im Kopf! (6)

7500 · 40 = 300000

330 · 1000 = 330000

80 · 8000 = 640000

560000 : 4000 = 140

810000 : 9000 = 90

480000 : 12000 = 40

3. Runde auf! (3)

	65509	187063
... zur Zehnerzahl	65510	187060
... zur Hunderterzahl	65500	187100
... zur Zehntausenderzahl	70000	20000

4. Rechne schriftlich! (4)

a) 279 · 22 = ______________ b) 384 · 45 = ______________

5. Schreibe zuerst den Überschlag und rechne dann genau! 8

a. 7992 : 3 = ____________________ 2

Überschlag: ____

b. 4487 : 7 = ____________________ 2

Überschlag: ____

c. 24078 · 4 = ____________________ 2

Überschlag: ____

6. 69709 • 7 = ____________________ 2

Überschlag: ____

7. Addiere das Vierfache von 12534 und den vierten Teil von 417164! 3

8. Subtrahiere vom Sechsfachen von 5546 den dritten Teil von 12141! 3

9. Eine Pfandfindergruppe macht eine Fahrradtour über insgesamt 98 km. Sie sind 5 Tage lang unterwegs. 3

Frage: ______________________________

98 : 5 = 19 R3
- 5
48
- 45
3

Antwort: ______________________________

10. Tim und Ben wollen ein Baumhaus bauen. Sie haben die notwendigen Materialien schon aufgeschrieben und wollen zum Baumarkt. 7

8 Dachlatten je 2 m Länge
6 Dachlatten je 1,50 m Länge
16 Bretter je 4 m Länge
24 Winkeleisen
circa 420 Nägel

Angebot vom Baumarkt:

Dachlatten 3 m	1,80 € / Latte
Bretter 4 m	4,05 € / Latte
Nägel	2,60 €
→ pro Verpackungseinheit 40 Stück	
Winkeleisen	1,05 € / Stück

Wieviel Geld benötigen die Kinder, um alles nötige Material bezahlen zu können?

Antwort: ______________________________

Viel Erfolg!

Von 43 Punkten hast du _____ Punkte erreicht.

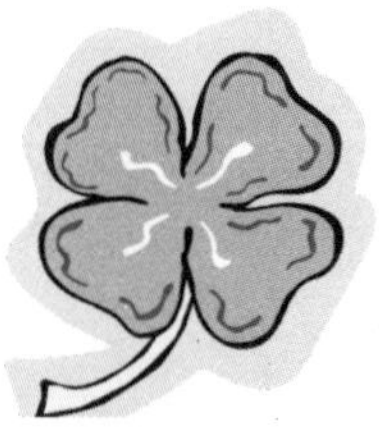

6.7 Probe 7 - Zahlenraum bis 1.000.000

1. Rechne mit Überschlag! 6

Ü: ______________ Ü: ______________

a) 54603 : 9 = __________ b) 36106 : 7 = __________

2. Rechne mit Überschlag! 6

Ü: ______________ Ü: ______________

a) 13692 : 7 = __________ b) 54636 : 6 = __________

3. Rechne mit Überschlag! 6

Ü: ______________ Ü: ______________

a) 22017 : 3 = __________ b) 10962 : 9 = __________

4. Rechne mit Überschlag! 6

Ü: ______________________ Ü: ______________________

a) 15,89 € : 7 = __________ b) 156,48 : 8 = __________

5. Familie Maier verbringt die Sommerferien für 3 Tage auf einem Campingplatz. Zur Familie gehören Vater Karl, Mutter Clara, der siebzehnjährige Julius, die zwölfjährige Nina. 4

Berechne den Aufenthalt für die ganze Familie in einem Wohnwagen.

Camp mit uns

(Preise pro Tag pro Person)

	Übernachtung im eigenen Zelt	Wohnwagen	Bungalow
1 Nacht	29,00 €	59,00 €	65,00 €
2 - 4 Nächte	23,00 €	53,00 €	60,00 €
ab 5 Nächten	21,00 €	49,00 €	55,00 €

Kinder bis 16 Jahren sind frei.

Antwort: ____

6. Paul hat eine 32,40 m lange Schnur. Er möchte vier gleich lange Teile haben. 3

Frage: ______________________________

Antwort: ______________________________

7. Familie Glück hat 46770 € im Lotto gewonnen. Für ein Drittel des Geldes kaufen sie eine neue Küche. Den Rest des Geldes legen sie in Aktien an. 4

Frage: ______________________________

Antwort:

____

8. Peter möchte aus 72 cm Draht ein Kantenmodel eines Quaders bauen. Der Quader soll die Länge 8 cm und die Breite 6 cm haben. Für welche maximale Höhe reicht der Draht? Ermittle die Höhe rechnerisch. 5

Antwort: ______________________________

Viel Erfolg! Von 40 Punkten hast du ____ Punkte erreicht.

7. Übungen zum Kompetenzbereich Wahrscheinlichkeiten

1) Dieses Bild soll ein Glücksrad darstellen, jeder der mitmachen möchte, darf genau einmal das Rad drehen. 7

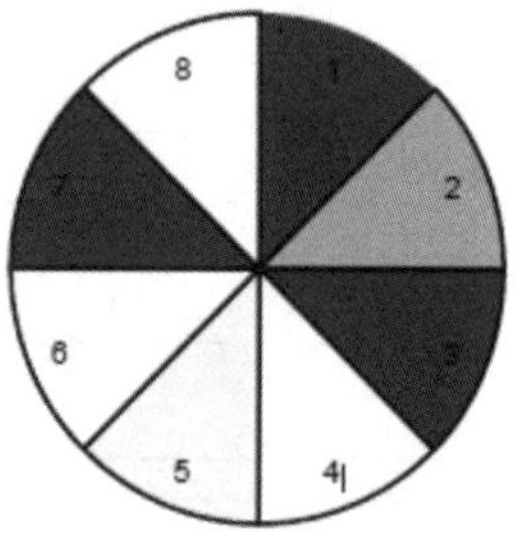

Gewinnregeln!

1. Gewinn bei hellgrau
2. Gewinn bei weiß
3. Gewinn bei weiß, hellgrau oder schwarz
4. Gewinn bei weiß, hellgrau, schwarz oder dunkelgrau
5. Gewinn bei 10

a) Gibt es eine Gewinnregel, bei der man immer gewinnt? Begründe deine Antwort.

____

____

b) Gibt es eine Gewinnregel, bei der man nicht gewinnen kann? Begründe deine Antwort.

____

____

c) Bei welcher Regel sind die Gewinnchancen am größten, bei welcher Regel sind sie am geringsten? Trage die Regeln und die Höhe ihrer Gewinnmöglichkeit in die Tabelle, beginne bei der Regel mit der größten Gewinnchance.

Regel	Gewinnmöglichkeit

2) Ninas Fahrrad hat ein Zahlenschloss. Da sie es schon lange nicht mehr benutzt hat, kennt sie leider die Zahlenkombination nicht mehr. An ihrem Zahlenschloss kann jede Stelle mit den Ziffern von 0 - 9 eingestellt werden. 3

Wie viele verschiedene Zahlenkombinationen sind möglich bei:

a) einem Zweierschloss?

b) einem Dreierschloss?

c) einem Viererschloss?

3) Würfelspiel 6

Peter und Franz wollen Schach spielen. Um auszuknobeln, wer anfangen darf, würfeln sie mit zwei Würfeln, der mit der höheren Augenzahl darf anfangen.
Doch wie viele verschiedene Zahlenpaare können mit zwei Würfeln überhaupt gewürfelt werden? (Beachte, die Kombination 1/2 ist die gleiche wie 2/1.)

Hast du eine Idee? Trage allen Möglichkeiten in die Tabelle:

W1	W2	W1	W2	W1	W2	W1	W2	W1	W2	W1	W2

4) Kombinatorik 6

Die Spieler der Mannschaft rot-weiß-grün können bei der Zusammenstellung ihres Outfits wählen zwischen:

3 T-Shirts in den Farben weiß, rot oder grün,

2 Shorts in weiß oder schwarz und

2 Paar Strümpfen in weiß oder rot.

Wie viele unterschiedliche Möglichkeiten sich anzuziehen haben die Spieler?

T-Shirt	Short	Strümpfe

8. Übungen zum Einmaleins

8.1 Übung 1 zum kleinen Einmaleins: (Multiplikation)

2 · 4 = ______	4 · 8 = ______	5 · 9 = ______
5 · 4 = ______	2 · 9 = ______	4 · 8 = ______
3 · 5 = ______	4 · 7 = ______	3 · 7 = ______
7 · 8 = ______	7 · 6 = ______	2 · 6 = ______
9 · 3 = ______	5 · 5 = ______	9 · 8 = ______
2 · 9 = ______	6 · 4 = ______	8 · 9 = ______
8 · 2 = ______	3 · 3 = ______	7 · 7 = ______
7 · 7 = ______	7 · 2 = ______	6 · 8 = ______
6 · 5 = ______	5 · 1 = ______	4 · 9 = ______
5 · 1 = ______	8 · 0 = ______	5 · 8 = ______
4 · 0 = ______	4 · 9 = ______	3 · 4 = ______
3 · 5 = ______	3 · 8 = ______	5 · 3 = ______
4 · 9 = ______	5 · 7 = ______	8 · 2 = ______
5 · 3 = ______	7 · 6 = ______	6 · 9 = ______
6 · 8 = ______	6 · 5 = ______	7 · 8 = ______
7 · 4 = ______	7 · 4 = ______	9 · 9 = ______
8 · 6 = ______	9 · 3 = ______	2 · 7 = ______
9 · 5 = ______	7 · 2 = ______	3 · 6 = ______
10 · 7 = ______	8 · 6 = ______	4 · 9 = ______
5 · 9 = ______	6 · 2 = ______	5 · 6 = ______
2 · 4 = ______	4 · 4 = ______	6 · 9 = ______
1 · 2 = ______	5 · 3 = ______	7 · 4 = ______
3 · 9 = ______	3 · 5 = ______	8 · 8 = ______
5 · 7 = ______	2 · 8 = ______	9 · 7 = ______
4 · 5 = ______	9 · 4 = ______	1 · 9 = ______
6 · 4 = ______	7 · 7 = ______	8 · 8 = ______
7 · 3 = ______	3 · 6 = ______	7 · 9 = ______
5 · 2 = ______	7 · 5 = ______	6 · 7 = ______
2 · 0 = ______	4 · 4 = ______	4 · 8 = ______

8.2 Übung 2 zum kleinen Einmaleins: (Multiplikation)

2 · 5 = ____	3 · 8 = ____	6 · 8 = ____
5 · 6 = ____	2 · 9 = ____	7 · 3 = ____
3 · 7 = ____	4 · 7 = ____	4 · 4 = ____
7 · 8 = ____	6 · 6 = ____	5 · 6 = ____
9 · 9 = ____	7 · 5 = ____	8 · 8 = ____
2 · 2 = ____	8 · 4 = ____	9 · 7 = ____
8 · 3 = ____	4 · 3 = ____	6 · 7 = ____
7 · 4 = ____	8 · 2 = ____	5 · 3 = ____
6 · 6 = ____	6 · 5 = ____	3 · 9 = ____
5 · 5 = ____	9 · 1 = ____	4 · 9 = ____
4 · 7 = ____	5 · 2 = ____	2 · 5 = ____
5 · 8 = ____	4 · 3 = ____	5 · 2 = ____
4 · 9 = ____	3 · 4 = ____	9 · 3 = ____
5 · 3 = ____	2 · 5 = ____	7 · 8 = ____
6 · 2 = ____	6 · 6 = ____	9 · 7 = ____
7 · 4 = ____	8 · 7 = ____	8 · 9 = ____
8 · 5 = ____	9 · 3 = ____	3 · 7 = ____
9 · 6 = ____	7 · 2 = ____	4 · 6 = ____
7 · 7 = ____	5 · 6 = ____	5 · 9 = ____
5 · 8 = ____	6 · 2 = ____	6 · 5 = ____
2 · 9 = ____	4 · 4 = ____	7 · 9 = ____
5 · 2 = ____	5 · 3 = ____	8 · 4 = ____
3 · 3 = ____	3 · 7 = ____	9 · 8 = ____
5 · 4 = ____	2 · 8 = ____	2 · 7 = ____
4 · 5 = ____	9 · 9 = ____	3 · 9 = ____
6 · 6 = ____	7 · 7 = ____	7 · 8 = ____
7 · 7 = ____	4 · 6 = ____	8 · 9 = ____
5 · 8 = ____	6 · 9 = ____	9 · 7 = ____
2 · 9 = ____	5 · 4 = ____	5 · 8 = ____

8.3 Übung 3 zum kleinen Einmaleins: (Multiplikation)

4 • 5 = ________	2 • 9 = ________	4 • 8 = ________
5 • 3 = ________	4 • 7 = ________	3 • 7 = ________
8 • 7 = ________	7 • 6 = ________	2 • 6 = ________
3 • 9 = ________	5 • 5 = ________	9 • 8 = ________
9 • 2 = ________	6 • 4 = ________	8 • 9 = ________
2 • 8 = ________	3 • 3 = ________	7 • 7 = ________
7 • 7 = ________	7 • 2 = ________	6 • 8 = ________
5 • 6 = ________	5 • 1 = ________	4 • 9 = ________
5 • 1 = ________	8 • 0 = ________	5 • 5 = ________
0 • 4 = ________	4 • 9 = ________	3 • 4 = ________
5 • 3 = ________	3 • 8 = ________	5 • 3 = ________
9 • 4 = ________	5 • 7 = ________	8 • 2 = ________
3 • 5 = ________	7 • 6 = ________	6 • 9 = ________
8 • 6 = ________	6 • 5 = ________	7 • 8 = ________
4 • 7 = ________	7 • 4 = ________	9 • 9 = ________
6 • 8 = ________	9 • 3 = ________	2 • 7 = ________
5 • 9 = ________	7 • 2 = ________	3 • 6 = ________
7 • 10 = ________	8 • 6 = ________	4 • 9 = ________
9 • 5 = ________	6 • 2 = ________	5 • 5 = ________
4 • 2 = ________	40 • 4 = ________	6 • 90 = ________
2 • 1 = ________	50 • 3 = ________	7 • 40 = ________
9 • 3 = ________	30 • 5 = ________	8 • 80 = ________
7 • 5 = ________	20 • 8 = ________	9 • 70 = ________
5 • 4 = ________	40 • 9 = ________	1 • 90 = ________
4 • 6 = ________	70 • 7 = ________	8 • 80 = ________
3 • 7 = ________	30 • 6 = ________	7 • 90 = ________
2 • 5 = ________	70 • 5 = ________	6 • 70 = ________
0 • 2 = ________	40 • 4 = ________	4 • 80 = ________

8.4 Übung 4 zum Einmaleins: (Multiplikation und Division)

52 : 4 = ______	3 · 9 = ______	24 : 8 = ______
35 : 5 = ______	5 · 7 = ______	35 : 7 = ______
7 · 8 = ______	72 : 6 = ______	12 · 6 = ______
9 · 3 = ______	5 · 5 = ______	96 : 8 = ______
2 · 9 = ______	56 : 4 = ______	9 · 9 = ______
8 : 2 = ______	33 · 3 = ______	77 : 7 = ______
77 : 7 = ______	72 : 8 = ______	16 : 8 = ______
6 · 5 = ______	5 · 10 = ______	64 : 8 = ______
5 · 10 = ______	80 · 0 = ______	55 · 5 = ______
6 · 0 = ______	45 : 9 = ______	32 : 4 = ______
30 · 5 = ______	32 : 8 = ______	51 : 3 = ______
45 : 9 = ______	5 · 7 = ______	18 · 2 = ______
27 : 3 = ______	7 · 7 = ______	6 · 6 = ______
64 : 8 = ______	60 : 5 = ______	7 · 8 = ______
7 · 4 = ______	7 · 4 = ______	99 : 9 = ______
48 : 6 = ______	90 : 3 = ______	12 · 7 = ______
90 : 5 = ______	72 : 9 = ______	36 : 6 = ______
21 : 7 = ______	48 : 6 = ______	4 · 9 = ______
5 · 9 = ______	16 : 2 = ______	25 : 5 = ______
2 · 4 = ______	4 · 4 = ______	6 · 9 = ______
11 · 2 = ______	15 · 3 = ______	7 · 4 = ______
36 : 9 = ______	30 : 5 = ______	8 · 8 = ______
5 · 7 = ______	24 : 8 = ______	49 : 7 = ______
40 : 5 = ______	4 · 9 = ______	27 : 9 = ______
64 : 4 = ______	7 · 7 = ______	8 · 8 = ______
7 · 3 = ______	36 : 6 = ______	3 · 9 = ______
25 · 2 = ______	7 · 5 = ______	56 : 7 = ______
81 : 9 = ______	21 : 7 = ______	5 · 9 = ______

8.5 Übung 5 zum Einmaleins: (Multiplikation und Division)

12 : 3 =	4	24 : 3 =	8	54 : 6 =	
52 : 4 =		7 · 9 =	62	24 : 3 =	
35 : 7 =		5 · 6 =	30	35 : 5 =	60, 66, 72, 78, 84
72 : 8 =		84 : 6 =	14	12 · 6 =	
90 : 3 =		5 · 7 =	35	56 : 8 =	
27 : 9 =		64 : 4 =	21	8 · 9 =	
8 · 2 =		11 · 3 =	33	49 : 7 =	
91 : 7 =		56 : 8 =	7	32 : 8 =	
6 · 5 =		7 · 7 =	feiner Sand	4 · 8 =	
5 · 9 =		88 : 11 =	8	55 : 5 =	
6 · 7 =		63 : 9 =	7	36 : 4 =	
30 : 5 =		32 : 4 =	8	21 : 3 =	
54 : 9 =		5 · 8 =	40	17 · 2 =	
27 : 3 =		7 · 9 =	62	60 : 6 =	
64 : 8 =		80 : 5 =	16	8 · 8 =	
7 · 8 =		27 : 3 =	9	49 : 7 =	
42 : 6 =		90 : 6 =	15	42 : 7 =	
55 : 5 =		72 : 8 =	9	96 : 6 =	
42 : 7 =		48 : 8 =	6	7 · 9 =	
7 · 9 =		36 : 4 =	9	20 : 5 =	
28 : 4 =		4 · 4 =	16	6 · 7 =	
11 · 2 =		25 · 3 =	83	9 · 4 =	
36 : 9 =		45 : 9 =	5	8 · 8 =	
5 · 7 =		32 : 4 =	8	49 : 7 =	
40 : 5 =		4 · 7 =	28	27 : 3 =	
64 : 4 =		4 · 4 =	16	9 · 8 =	
11 · 3 =		36 : 6 =	6	5 · 9 =	
25 · 2 =		7 · 8 =	56	56 : 8 =	
81 : 9 =		21 : 7 =	3	6 · 9 =	

8.6 Übung 6 zum kleinen und großen Einmaleins:

2 · 2 =	4	3 · 3 =	9	8 · 8 =	
4 · 4 =	16	1 · 1 =	1	7 · 7 =	
6 · 6 =	36	5 · 5 =	25	4 · 4 =	
7 · 7 =	49	6 · 6 =	36	5 · 5 =	
9 · 9 =	81	7 · 7 =	49	8 · 8 =	
8 · 8 =	6~~3~~4	8 · 8 =	~~663~~64	9 · 9 =	
10 · 10 =	100	16 : 4 =	4	36 : 6 =	
11 · 11 =	12~~1~~1	2 · 2 =	4	3 · 3 =	
12 · 12 =		6 · 6 =	36	9 · 9 =	
13 · 13 =		72 : 9 =	8	25 · 4 =	
14 · 14 =		25 : 5 =	5	100: 10 =	
15 · 15 =		144 : 12 =	12	55 : 11 =	
16 · 16 =		13 · 14 =	107	9 · 3 =	
17 · 17 =		2 · 5 =	10	7 · 8 =	
18 · 18 =		6 · 6 =	36	9 · 7 =	
19 · 19 =		8 · 8 =	~~3~~64	8 · 9 =	
20 · 20 =		9 · 13 =	116	13 · 7 =	
25 · 25 =		7 · 12 =	84	14 · 6 =	
30 · 30 =		15 · 6 =	90	15 · 9 =	
40 · 40 =		6 · 12 =	72	16 · 5 =	
50 · 50 =		14 · 14 =	116	17 · 9 =	
60 · 60 =		15 · 13 =	115	18 · 4 =	
70 · 70 =		13 · 7 =	91	19 · 8 =	
80 · 80 =		12 · 8 =	96	12 · 7 =	
90 · 90 =		9 · 9 =	81	13 · 9 =	
100·100 =		7 · 7 =	49	17 · 8 =	
17 · 7 =		14 · 6 =	84	18 · 9 =	
15 · 8 =		16 · 9 =	1~~1~~44	19 · 7 =	
12 · 9 =		15 · 4 =	60	15 · 8 =	
18 · 8 =		81 : 9 =	9	16 · 20 =	

9. Schnelltests – Einmaleins

Insgesamt hast du 5 Minuten Zeit für diese Schnelltests. Das heißt, pro Aufgabe solltest du nicht mehr als 10 Sekunden brauchen. Es macht nichts, wenn du am Anfang länger brauchst, mit der Zeit solltest du aber immer schneller werden, deshalb notiere dir, wann du anfängst und wann du fertig bist.

9.1 Schnelltest 1 - Einmaleins

Startzeit: ___________

11	·	☐	=	99	☐	:	3	=	110
45	·	☐	=	450	☐	:	7	=	19
160	:	☐	=	16	☐	:	4	=	12
100	:	☐	=	4	☐	:	6	=	13
36	·	☐	=	396	☐	:	2	=	12
54	:	☐	=	9	☐	:	5	=	20
77	:	☐	=	11	☐	:	4	=	25
45	:	☐	=	9	☐	·	9	=	360
36	:	☐	=	6	☐	·	5	=	350
32	:	☐	=	8	☐	·	6	=	540
42	:	☐	=	6	☐	·	8	=	720
45	:	☐	=	5	☐	·	9	=	360
39	:	☐	=	3	☐	·	7	=	350
32	:	☐	=	4	☐	·	6	=	54
42	:	☐	=	7	☐	·	8	=	72

Endzeit: ____________ Von 30 Aufgaben hast du _________ richtig gelöst.

9.2 Schnelltest 2 - Einmaleins

Startzeit: ____________

8 · ☐ = 48	☐ : 5 = 5
4 · ☐ = 32	☐ : 7 = 7
5 · ☐ = 45	☐ : 8 = 8
8 · ☐ = 56	☐ : 9 = 9
7 · ☐ = 49	☐ : 3 = 30
8 · ☐ = 40	☐ : 7 = 90
10 · ☐ = 60	☐ : 4 = 40
4 · ☐ = 120	☐ : 6 = 6
3 · ☐ = 270	☐ : 2 = 17
9 · ☐ = 63	☐ : 5 = 70
81 : ☐ = 9	☐ : 4 = 8
45 : ☐ = 9	☐ · 9 = 36
36 : ☐ = 6	☐ · 7 = 49
16 : ☐ = 4	☐ · 6 = 360
42 : ☐ = 6	☐ · 8 = 88

Endzeit: ____________

Von 30 Aufgaben hast du __________ richtig gelöst.

9.3 Schnelltest 3 - Einmaleins

Startzeit: ____________

7 · 7 = ☐	12 · ☐ = 144
15 · 8 = ☐	4 · ☐ = 320
6 · 6 = ☐	5 · ☐ = 250
17 · 2 = ☐	6 · ☐ = 540
13 · 9 = ☐	7 · ☐ = 490
15 · 8 = ☐	8 · ☐ = 400
19 · 6 = ☐	9 · ☐ = 81
14 · 4 = ☐	8 · ☐ = 64
4 · 4 = ☐	3 · ☐ = 270
19 · 9 = ☐	7 · ☐ = 490
16 · 5 = ☐	3 · ☐ = 39
12 · 8 = ☐	9 · ☐ = 450
14 · 5 = ☐	6 · ☐ = 66
17 · 7 = ☐	11 · ☐ = 44
18 · 8 = ☐	8 · ☐ = 72

Endzeit: ____________

Von 30 Aufgaben hast du _________ richtig gelöst.

10. Knacknüsse und nochmal zu allem ein bisschen

Hier findest du diverse Aufgaben zum kompletten Lehrstoff. Ideal für Zwischendurch oder zum Wiederholen in den Sommerferien.

10.1 Grundrechenarten

1. Vermehre 985 um 18! — 1

2. Rechne aus! — 4

   a) 728 · 13 = ______________ b) 215 · 25 = ______________

3. Rechne aus! — 4

   a) 7270 · 13 = ______________ b) 25 · 25 = ______________

4. Rechne schriftlich! 4

a) 135621 : 3 = ____________ b) 1830 : 15 = ____________

5. Rechne schriftlich! 4

a) 7896 : 8 = ____________ b) 19271 : 7 = ____________

6. Rechne aus! 4

a) 728 · 43 = ____________ b) 125 · 234 = ____________

7. Berechne! 2

a) 7128 - 243 = ____________ b) 12015 + 2394 = ____________

10.2 Rechnen mit Einheiten

1. 3,78 m = ___________ cm	1
2. 26 kg = _____________g	1
3. Du wiegst 28 kg, kreuze alles an, was genauso schwer ist wie du! ○ 28 l Wasser ○ 28 dl Milch ○ 0,028 t Wasser ○ 28.000 g Mehl	4
4. Rechne um: 83 mm = ______________ cm	1
5. Rechne um: 23 dm = _______________ cm	1
6. Was ist genauso schwer wie $\frac{1}{2}$ l Wasser, kreuze an! ○ 500 g Wasser ○ $\frac{1}{4}$ l Wasser ○ 250 ml Wasser ○ 500 ml Wasser	4
7. 1 t = ______________________ g	1
8. $\frac{1}{2}$ t = ______________________ kg	1
9. 490 dm = __________________ km	1

10.3 Körper und Figuren

1. Wie viele Flächen hat ein Quader? ____________________	1
2. Wie heißt dieser Körper und wie viele Ecken hat er? 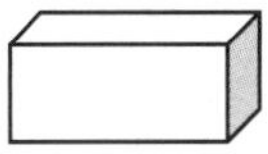 ____	1
3. Benenne diesen Körper. Wie viele Ecken hat er?  ____________________________________	1
4. Wie nennt man folgende Figur? 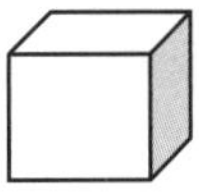 _____________________	1
5. Wie viele Ecken hat eine Kugel? ___________ Wie viele Flächen hat eine Kugel? __________	1 1
6. Wie heißt der Körper? O Würfel O Quader O Kegel O Rechteck O Zylinder O Kugel 	1
7. Wie viele Kanten hat dieser Körper? ______ 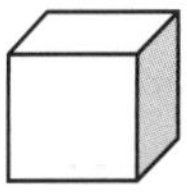 Wie viele Ecken? __________ Wie viele Seiten? ___________ Welche Zahl ergeben die beiden gegenüberliegenden Augenzahlen eines Würfels immer? ______________	4
8. Wo genau liegt der Fisch? O im Kreis nicht, aber im Viereck. O im Viereck, im Kreis und im Dreieck. O im Viereck, im Kreis, aber nicht im Dreieck. O im Dreieck, im Viereck, nicht aber im Kreis. O im Viereck und im Dreieck, nicht aber im Kreis. O im Kreis, im Viereck, aber nicht im Dreieck. O im Dreieck und Kreis, nicht im Viereck. 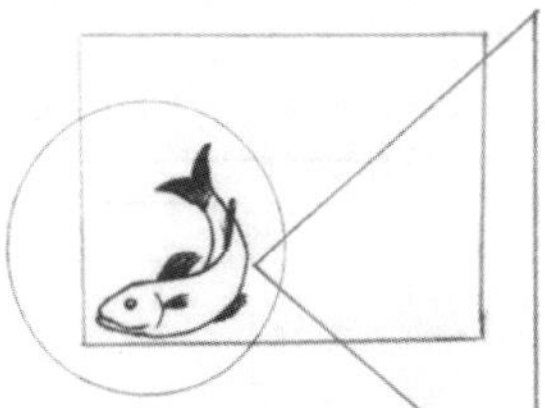	2

10.4 Textaufgaben

1. Der Wasserhahn bei Familie Reichel tropft und so verschwinden in drei Stunden ganze 2 Liter Wasser.
   a) Mama Reichel möchte wissen, wie viele Liter es in 24 Stunden sind? 2
   b) Linus rechnet schnell hoch und stellt fest, dass in 4 Wochen 600 Liter Wasser wegtropfen. Ist seine Rechnung richtig? 2

2. Paula, Petra und Pauline kaufen sich gemeinsam ein Puppenhaus das 180 € kostet. Paula zahlt das Doppelte von Petra. Pauline zahlt das Dreifache von Paula. Wie viel haben Paula, Petra und Pauline jeweils gezahlt? 3

3. Christina würfelt mit 6 Würfeln. Sie zählt alle Augen zusammen und kommt auf 32. Alle Würfel zeigen 6 an, nur einer nicht. Welche Zahl zeigt der letzte Würfel? 1

A:______________________________

4. Im Urlaub auf Mallorca habe ich Zitronen gepflückt - 12 an der Zahl. Die Hälfte hat meine Mutter für einen Kuchen benötigt, von dem Rest gab ich die Hälfte meinem Vater und dann habe ich mir erst mal eine Zitronenlimo gemacht. Wie viele Zitronen hatte ich dafür noch übrig? 1

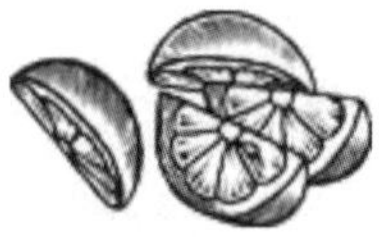

Antwort:______________________________

5. Zwei Schafe werden geschoren. Zusammen bringen sie 7 kg Wolle auf die Waage. Das eine Schaf ist schwarz und etwas kleiner als das andere weiße Schaf, daher bringt es 1 kg weniger Wolle auf die Waage. Wie viel Wolle gibt das schwarze und wie viel das weiße Schaf? 2

6. Gestern Nachmittag durfte ich den Film Madagaskar ansehen. Der Film begann um 17:15 Uhr und dauerte 89 Minuten. Er hatte aber 3 Werbepausen. Die erste Pause war genau 3 Minuten lang, die zweite 4 Minuten und die dritte auch 4 Minuten. Wann endete der Film? 3

7. Linus hat Sportfest. Zur Übung macht die Lehrerin mit ihrer Klasse einen Tag davor einen Lauf durch den Englischen Garten. Der Weg, den sie aussucht, ist 7,2 km lang und endet an seiner Schule.

   a) Linus braucht für 400 m 1 Minute 20 Sekunden. Er fragt sich wie lange er für den ausgewählten Weg braucht? 3

   b) Die Sportstunde beginnt pünktlich um 8:10 Uhr. 10 Minuten später startet Linus. Wann kommt er an der Schule an? 2

10.5 Achsensymmetrie, Spiegelung und Diagramme

1. Zeichne die möglichen Symmetrieachsen ein und schreibe darunter, wie viele es gibt. **8**

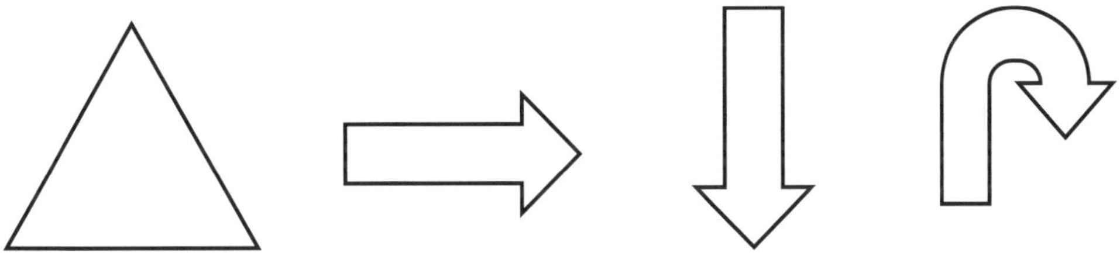

2. Verschiebe die Figuren nach der angegebenen Vorschrift. Verwende ein Lineal! **4**

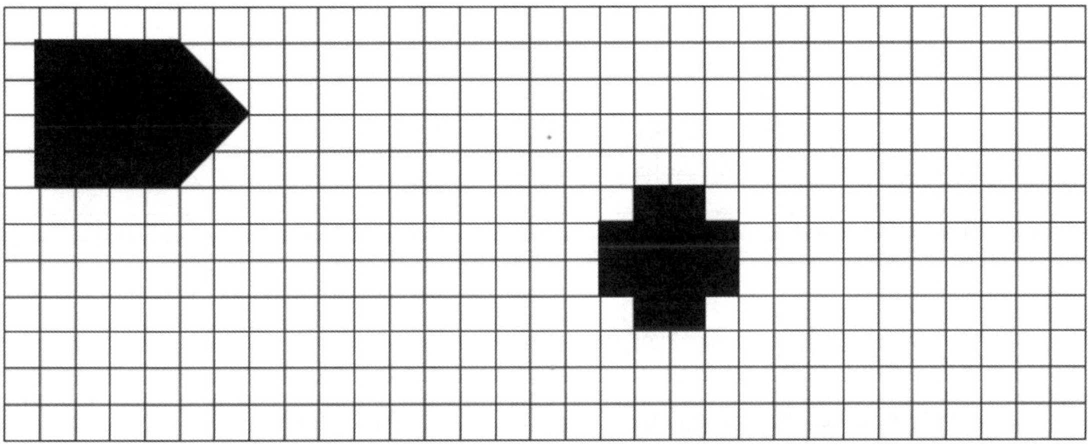

3 nach rechts und 6 nach unten   8 nach rechts und 2 nach oben

3. Spiegele beide Figuren an der eingezeichneten Achse. Verwende ein Lineal! **4**

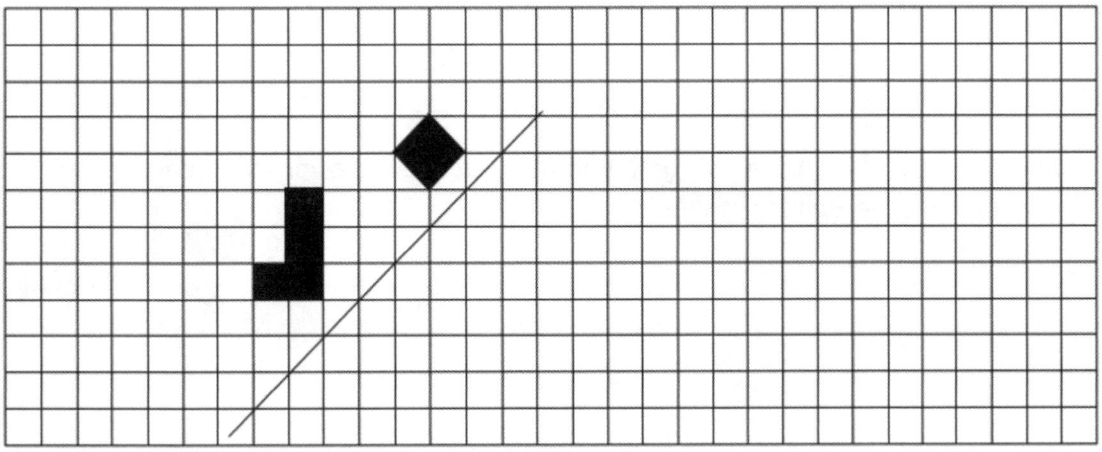

4. Im Freizeitpark „Riesenspaß“ werden einmal im Jahr eine Woche lang die Besucher gezählt. Runde auf Tausender und zeichne ein passendes Diagramm. 10

Montag	Dienstag	Mittwoch	Donnerstag	Freitag	Samstag	Sonntag
7033	7433	8677	9754	12433	15293	14773

3

7

10.6 Wahrscheinlichkeitsrechnung

1. Ich habe folgende Kärtchen vor mir liegen und möchte damit sowohl die kleinste als auch die größte Zahl legen. Jede Zahl darf nur einmal verwendet werden. 2

9	1	201	8	5

Kleinste Zahl: ______________________

Größte Zahl: ______________________

2. Leonie hat 3 Luftballons in rot, gelb und blau. In wie viele verschiedene Reihenfolgen kann sie die Ballons stellen? 3

Notiere die Varianten!

____

____

____

3. Glücksrad 4

Färbe die Felder im Glücksrad mit den Farben rot, blau, grün und gelb so,

a) dass alle Farben dieselbe Gewinnchance haben und begründe!

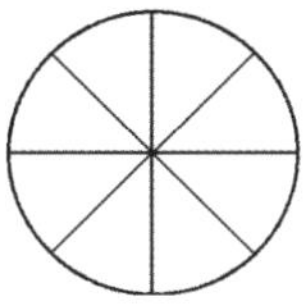

____

____

b) dass die vier Farben unterschiedliche Gewinnchancen haben und begründe!

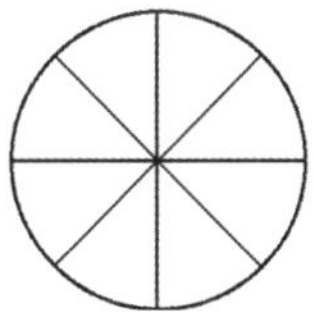

____

____

c) dass die Farbe Gelb, dieselbe Gewinnchance hat, wie alle anderen zusammen und begründe!

____

____

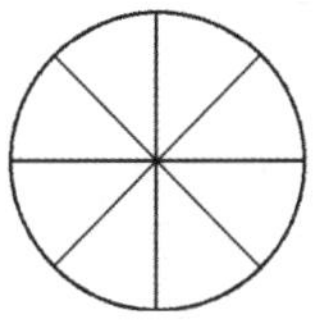

4. In einem Becher befinden sich eine rote, eine blaue und eine gelbe Kugel. Wenn du immer gleichzeitig zwei Kugel rausnimmst, welche unterschiedlichen Farbkombinationen kannst du ziehen? 1

Schreibe alle Kombinationen auf!

5. Du hast rote und gelbe Bonbons. Nun füllst ein Säckchen mit 10 Bonbons, die du deinem Freund anbieten möchtest. a) Wie musst du dein Säckchen füllen, damit dein Freund die größte Möglichkeit hat sowohl einen roten als auch einen gelben Bonbon zu ziehen? ____ ____ b) Jetzt füllst du dein Säckchen mit 5 Bonbons, 4 rote und ein gelbes. Wie sicher ist es, dass dein Freund einen roten Bonbon bekommt, wenn er zweimal ziehen darf? Erkläre! ____ ____	1
6. Florian kann auf seinem Fahrradschloss eine vierstellige Zahl einstellen. Für jede Stelle kann er die Ziffern 1, 2, 3, 4, 5, 6, 7 und 8 wählen. Leider hat er seine Geheimzahl vergessen. Er weiß allerdings sicher, dass die erste Ziffer eine 3 war und die zweite eine 8, bei der dritten Ziffer schwankt er zwischen 1 und 4. An die letzte Stelle kann er sich nicht mehr erinnern. Wie viele verschiedene Möglichkeiten hat Florian, um sein Schloss sicher zu öffnen, wenn seine Annahmen korrekt sind? Wie viele Möglichkeiten gäbe es, wenn er die 3. Stelle auch nicht kennt und wie viele, wenn er gar keine Stelle kennt? Schreibe Rechenwege auf!	2

7. Formen ziehen, Begründe jeweils deine Aussage! 10

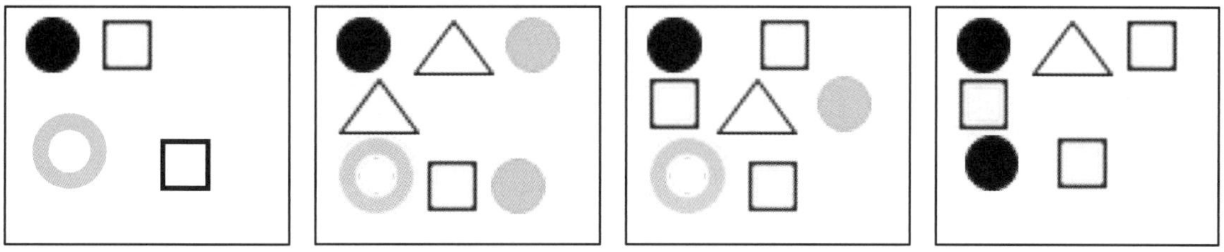

Kiste 1 Kiste 2 Kiste 3 Kiste 4

a) Bei welcher Kiste ist die Wahrscheinlichkeit am größten, ein weißes Quadrat zu ziehen? 2

b) Bei welcher Kiste ist die Wahrscheinlichkeit am größten, einen schwarzen Kreis zu ziehen? 2

c) Bei welcher Kiste ist die Wahrscheinlichkeit am kleinsten, ein weißes Quadrat zu ziehen? 2

d) In welchen Kisten gibt es beim Ziehen dieselbe Wahrscheinlichkeit für unterschiedliche Objekte? Benenne jeweils Kiste und Objekte! 4

Lösungen

Das ultimative Probenbuch
Mathematik
4. Klasse

11. Lösungen

11.1 Lösung zu 3-1 - Wiederholung 3. Klasse

1. Addiere die Zahlen! 4

	6	7	8				5	7	9				4	9	3				6	5	1		
+	1	9	1			+	2	3	1			+	4	9	8			+	2	5	9		
	1						1	1					1	1					1	1			
	8	**6**	**9**				**8**	**1**	**0**				**9**	**9**	**1**				**9**	**1**	**0**		

2. Subtrahiere die Zahlen! 4

	6	7	8				5	7	7				4	9	3				6	0	1		
-	1	9	1			-	3	3	8			-	2	9	5			-	2	5	9		
	4	**8**	**7**				**2**	**3**	**9**				**1**	**9**	**8**				**3**	**4**	**2**		

3. Rechne aus! Beachte die Punkt-vor-Strich-Regel! 6

12 : 4 + 12 = **15**
28 − 4 · 2 = **20**

40 + 15 : 3 = **45**
9 · 15 − 55 = **80**

77 − 4 · 8 = **45**
86 + 49 : 7 = **93**

4. Rechne in Schritten! 6

49 · 9 = **441**
40 · 9 = 360
9 · 9 = 81

86 · 8 = **688**
80 · 8 = 640
6 · 8 = 48

64 · 7 = **448**
60 · 7 = 420
4 · 7 = 28

5. Multipliziere das Dreifache von 7 mit der Hälfte von 26! 3

		3	·	7	=	**2**	**1**																					
													2	1	·	1	3	=	**2**	**7**	**3**							
		2	6	:	2	=	**1**	**3**																				

Antwort: Ich erhalte die Zahl: **273**

6. Subtrahiere von 72 das Vierfache von 7 und dividiere dann durch 11! 3

		4	·	7	=	**2**	**8**																		
												4	4	:	1	1	=	**4**							
	7	2	-	2	8	=	**4**	**4**																	

Antwort: **Ich erhalte die Zahl: 4**

7. Wie viel wog die dritte Lieferung von Herrn Maier? 4

	4	6	6	:	2	=	**2**	**3**	**3**																		
														1	0	0	0	-	6	9	9	=	**3**	**0**	**1**		
	4	6	6	+	2	3	3	=	**6**	**9**	**9**																

Antwort: **Die dritte Lieferung wog 301 kg.**

11.2 Lösung zu 3-2

1. Addiere die Zahlen bzw. fülle die Lücken! — 4

```
 178       879       493       3**5**3
+657      +237      +599      +72**9**
 ____      ____      ____      ____
   1        11       111       1 1
 835      1116      1092      1082
```

2. Subtrahiere die Zahlen bzw. fülle die Lücken! — 4

```
2 3 17    6 16 17   3 18 10   6 9 10
 347       777       490       700
-198      -288      -395      -218
 ____      ____      ____      ____
 149       489        95       482
```

3. Rechne aus! Beachte eine wichtige Rechenregel! — 6

32 : 4 + 12 = **20** 55 + 63 : 3 = **76** 69 − 5 · 6 = **39**
56 − 4 · 2 = **48** 3 · 17 − 17 = **34** 167 + 44 : 4 = **178**

4. Rechne in Schritten! — 6

32 · 4 = **128**	64 · 8 = **512**	55 · 9 = **495**
30 · 4 = 120	60 · 8 = 480	50 · 9 = 450
2 · 4 = 8	4 · 8 = 32	5 · 9 = 45
120 + 8 = 128	480 + 32 = 512	450 + 45 = 495

5. Multipliziere das Vierfache von 6 mit der Hälfte von 48!

4 · 6 = **24**
24 · 24 = **576**
48 : 2 = **24**

Antwort: Ich erhalte die Zahl: **576**

6. Subtrahiere von 144 das Sechsfache von 4 und dividiere dann durch 3! — 3

4 · 6 = 24
120 : 3 = 40
144 - 24 = 120

Antwort: Ich erhalte die Zahl: **40**

7. Benenne den Rechenablauf (benutze Fachwörter) folgender Grundrechenarten: — 4

Addition: **Summand + Summand = Summe**
Subtraktion: **Minuend − Subtrahend = Differenz**
Multiplikation: **Multiplikand (Faktor) · Faktor = Produkt**
Division: **Dividend : Divisor = Quotient**

11.3 Lösung zu 3-3

1. Addiere die Zahlen! (4)

	4	2	5				6	4	7				2	4	9				5	5	3		
+	2	4	4			+	2	1	4			+	5	0	6			+	5	2	9		
								1						1						1			
	6	**6**	**9**				**8**	**6**	**1**				**7**	**5**	**5**			**1**	**0**	**8**	**2**		

2. Rechne im Kopf! (6)

4 · 6 = **24**
6 · 6 = **36**
24 : 6 = **4**
48 : 6 = **8**

56 : 8 = **7**
36 : 12 = **3**
81 : 9 = **9**
40 : 8 = **5**

9 · 7 = **63**
5 · 4 = **20**
3 · 9 = **27**
11 · 3 = **33**

3. Rechne schriftlich! (4)

404 : 4 = **101**
Zerlegen:
400 : 4 = 100
4 : 4 = 1

663 : 3 = **221**
Zerlegen:
660 : 3 = 220
3 : 3 = 1

270 : 9 = **30**
270 : 9 = 30

864 : 8 = **108**
Zerlegen:
800 : 8 = 100
64 : 8 = 8

4. Rechne aus! Beachte die Punkt-vor-Strich-Regel! (3)

56 − 16 : 2 = **48**
4 · 17 − 17 = **51**
121 + 44 : 4 = **132**

5. Rechne in Schritten! (3)

72 · 8 = **576**
70 · 8 = 560
2 · 8 = 16
560 + 16 = 576

87 · 4 = **348**
80 · 4 = 320
7 · 4 = 28
320 + 28 = 348

6. Ein Päckchen Kaugummi kostet 85 Cent. Paula kauft 3 Päckchen, ihr Bruder Nico kauft 5 Päckchen. (4)

1. Möglichkeit: Frage: **Wie viel Geld geben Paula und Nico zusammen aus?**
Anzahl Päckchen gesamt: 3 + 5 = 8;
Kosten gesamt: 8 · 85 = 8 · 80 + 8 · 5 = 640 + 40 = **680**
Antwort: **Paula und Nico geben zusammen 680 Cent - entspricht 6,80 Euro - aus.**
Alternative: Frage: **Wie viel gibt jedes Kind aus?**

Paula: 3 · 85 Cent = 3 · 80 + 3 · 5 = 240 + 15 = 255 Cent = **2,55 €**
Nico: 5 · 85 Cent = 5 · 80 + 5 · 5 = 400 + 25 = 425 Cent = **4,25 €**
Zus.: 425 + 255 = 680 Cent = **6,80 €**

Antwort: **Paula gibt 2,55 Euro aus und Nico gibt 4,25 Euro aus, zusammen geben sie 6,80 Euro aus!**

7. An Tinas Schule gibt es acht Klassen, in 3 Klassen sind 24 Schüler, in 4 Klassen 23 Schüler und 1 Klasse hat 21 Schüler! (4)

Frage: Wie viele Kinder gehen auf Tinas Schule?

3 · 24 = **72**
4 · 23 = **92**
1 · 21 = **21**

72 + 92 + 21 = **185**

Antwort: **Auf Tinas Schule gehen 185 Schüler.**

8. Benenne die lateinischen Begriffe folgender Grundrechenarten: (2)

Zusammenzählen: **Addieren / Addition** Teilen: **Dividieren / Division**

11.4 Lösung zu 4-1 - Zahlenraum bis 10.000

1. Runde die Zahlen auf die nächste Zehnerstelle: 3

1768	**1770**	3782	**3780**	7894	**7890**
1425	**1430**	8576	**8580**	9399	**9400**

2. Runde die Zahlen auf die nächste Hunderterstelle: 3

1768	**1800**	3782	**3800**	7894	**7900**
1425	**1400**	8576	**8600**	9399	**9400**

3. Rechne aus! 6

420 : 7 = **60**	810 : 9 = **90**	560 : 80 = **7**
144 : 12 = **12**	120 : 30 = **4**	210 : 7 = **30**

4. Rechne in sinnvollen Schritten! (je 1/2 Punkt für Rechenweg) 6

455 : 5 = **91**	568 : 8 = **71**	640 : 5 = **128**
450 : 5 = 90	560 : 8 = 70	600 : 5 = 120
5 : 5 = 1	8 : 8 = 1	40 : 5 = 8
924 : 3 = **308**	567 : 7 = **81**	824 : 4 = **206**
900 : 3 = 300	560 : 7 = 80	800 : 4 = 200
24 : 3 = 8	7 : 7 = 1	24 : 4 = 6

5. Tina geht Schulhefte kaufen. Im Dreierpack kosten die Hefte 3,30 Euro und im Zehnerpack kosten sie 9,00 Euro! 4

Frage: Um wie viel Cent ist **das Heft** im günstigeren Päckchen billiger?
330 : 3 = **110** Im Dreierpack kostet ein Heft 1,10 Euro.
900 : 10 = **90** Im Zehnerpack kostet ein Heft 90 Cent.
110 - 90 = **20**
Antwort: **Ein Heft im Zehnerpack ist 20 Cent billiger als ein Heft im Dreierpack!**

6. Paul geht mit seiner Mama zum Einkaufen. Plötzlich sieht er ein lang ersehntes Computerspiel für 28,50 Euro. Da er nur 20 Euro hat, macht ihm seine Mutter den Vorschlag, ihm das Geld zu leihen. Er zahlt ihr das Geld wöchentlich in 50 Cent Raten zurück. Formuliere die Frage und rechne! 4

Frage: **Wie viele Wochen braucht Paul, um das geliehene Geld zurückzuzahlen?**
2850 - 2000 = **850 (Cent)** 850 : 50 = **17 (Wochen)**
Antwort: **Paul braucht 17 Wochen, um seiner Mutter das Geld zurückzubezahlen.**

7. Hr. Maier kauft sich einen neuen Kleinwagen für 9.900,00 Euro. Er möchte ein Drittel anzahlen und den Rest in 12 Monatsraten abbezahlen. 4

Anzahlung: 9900 € : 3 = **3300 €**
Restsumme: 9900 € - 3300 = **6600 €**
Raten: 6600 € : 12 = **550 €**
Antwort: **Hr. Maier zahlt 12 Monate eine Rate von 550,00 Euro für sein neues Auto.**

11.5 Lösung zu 4-2

1. Ordne der Größe nach, beginne mit der kleinsten Zahl! 1041 < 3218 < 4392 < 4522 < 7982 < 8902	3
2. Die Antworten müssen sich auf die Zahlen in der Box beziehen! a) **1000** b) Jede Zahl, die **auf 0 oder 5 endet**, ist durch fünf teilbar **5005, 5010, 5015,..., 5600, 5605 ... 6000**	3
3. Rechne aus! 7486 − 7 = **7479** 8005 − 30 = **7975** 6997 + 8 = **7005** 1350 + 700 = **2050** 3007 − 9 = **2998** 3050 − 330 = **2720** 3995 + 8 = **4003** 4697 + 500 = **5197**	8
4. Zahlenrätsel: Addiere <u>3600 und 2400</u>. Dividiere dann das Ergebnis durch 12. Multipliziere nun deine Zahl mit dem doppelten von 3! 3600 + 2400 = 6**000** 6000 : 12 = **500** 500 · (3 · 2) = 500 · 6 = **3000** Antwort: **Die gesuchte Zahl heißt 3000.**	3
5. Rechne in sinnvollen Schritten! Pro Zwischenschritt gibt es bei dieser Aufgabe einen halben Punkt! 360 · 6 = **2160** 530 · 5 = **2650** 300 · 6 = 1800 500 · 5 = 2500 60 · 6 = 360 30 · 5 = 150 890 · 2 = **1780** 980 · 3 = **2940** 800 · 2 = 1600 900 · 3 = 2700 90 · 2 = 180 80 · 3 = 240 365 · 4 = **1460** 123 · 7 = **861** 300 · 4 = 1200 100 · 7 = 700 60 · 4 = 240 20 · 7 = 140 5 · 4 = 20 3 · 7 = 21	7
6. Multipliziere die **Summe aus 185 und 365** mit der <u>Differenz aus 648 und 638</u>. *Dividiere das Ergebnis durch 5*! Welche Zahl erhältst du? 185 + 365= **550** 648 − 638 = **10** 550 · 10 = 5500 5500 : 5 = **1100** Antwort: **Ich erhalte die Zahl 1100.**	4
7. Thomas möchte sich ein Fahrrad kaufen. Er entscheidet sich für ein Fahrrad, das **628,00 Euro** kostet. Er kauft sich noch einen Helm für **27,00 Euro** und ein Paar Fahrradhandschuhe für **19,00 Euro**. Für sein altes Fahrrad zahlt ihm der Händler noch **90,00 Euro**. 628 € + 27 € = **655 €** 655 € + 19 € = **674 €** 674 € − 90 € = **584 €** Antwort: **Thomas muss insgesamt noch 584,00 Euro bezahlen.**	3

11.6 Lösung zu 4-3

1. Rechne halbschriftlich! 4

7 · 86 = **602**
7 · 80 = 560
7 · 6 = 42

7 · 49 = **343**
7 · 40 = 280
7 · 9 = 63

oder: 7 · 50 = 350
350 – 7 = **343**

126 : 6 = **21**
120 : 6 = 20
6 : 6 = 1

405 : 9 = **45**
360 : 9 = 40
45 : 9 = 5

2. Rechne im Kopf! 6

7326 - 7 = **7319**
9697 + 8 = **9705**
300 · 5 = **1500** (3 · 500) = 1500

2207 – 9 = **2198**
1235 + 8 = **1243**
981 : 9 = **109** (900 : 9 = 100) + (81 : 9 = 9)

3. Multipliziere die Zahlen 12 und 3. **Addiere zum Ergebnis** das Vierfache von 11. 3

12 · 3 = 36 4 · 11 = 44
36 + 44 = 80 → Das Ergebnis lautet: 80

4. Zahlenrätsel: Schreibe alle Rechenschritte auf! 3

Wenn ich vom Neunfachen einer Zahl ***51 abziehe***, **erhalte** ich die Zahl **21**.
Welche Zahl wird gesucht?

→ Es ergibt sich folgende Rechenaufgabe: (9 · ?) **- *51* = 21**

9 · ? = **21 + 51 = 72** 72 : 9 = 8 (Umkehraufgabe!)

Antwort: **Die gesuchte Zahl heißt 8**!

5. Ergänze auf 10000! 4

a) 5210 **4790**
b) 8420 **1580**
c) 2819 **7181**
d) 3191 **6809**

6. Addiere die **Summe aus 222 und 987** mit der Differenz aus 481 und 380. *Dividiere das Ergebnis durch 5*! → **Die gesuchte Zahl heißt 262** 4

222 + 987 = 1209
481 – 380 = 101
1209 *+ 101 = 1310*
1310 : 5 = ***262***

7. Familie Maier ist umgezogen und benötigt neue Möbel. Herr Maier kauft 6 Stühle für je 255,00 Euro, einen *Tisch für 1034,00 Euro*, eine *Lampe für 635,00 Euro* und ein *Regal für 850,00 Euro*. Er bezahlt mit neun 500 Euro Scheinen. 6

Frage: **Wie viel Rückgeld erhält Herr Maier?**

6 · 255 € = 1530 €
9 · 500 € = 4500 €
1530 € + ***1034 € + 635 € + 850 € = 4049 €***
4500 € – 4049 € = 451 €

Antwort: **Herr Maier muss 4049,00 Euro bezahlen und erhält 451,00 Euro zurück.**

8. Paul, Lena und Marc lesen mit ihrer Klasse das Buch „Fußballfreunde". Das Buch hat insgesamt 128 Seiten. Paul hat schon dreimal so viele Seiten gelesen wie Lena. Marc hat das Buch schon zu Ende gelesen. Er hat 8 Seiten mehr gelesen als Paul. Wie viele Seiten des Buches hat Lena schon gelesen? 3

128 Seiten komplett hat Marc gelesen:
Paul: 128 – 8 = 120 Lena: 120 : 3 = 40

Antwort: **Lena hat 40 Seiten des Buches gelesen.**

11.7 Lösung zu 5-1 - Einheiten

1. Rechne in die angegebene Einheit um! (8)

s	min
540 s	**9 min**
660 s	**11 min**
480 s	8 min
332 s	5 min 32 s

min	h
180 min	**3 h**
330 min	**5 $\frac{1}{2}$ h**
150 min	2 $\frac{1}{2}$ h
585 min	9 h 45 min

2. Ergänze! (4)

a) 1 h = **60** min = **3600** s

b) Eine Dreiviertelstunde hat **45** min, das sind **2700** s.

c) 1 Jahr hat 52 Wochen, das sind **365** Tage.

d) 1 Monat hat etwa **30** Tage, dies sind ungefähr **4** **(4,5)** Wochen.

3. Ergänze die Tabelle entsprechend dem Beispiel in Spalte 2! (4)

Beginn	06:30 Uhr	11:15 Uhr	**09:05 Uhr**	07:45 Uhr	04:46 Uhr
Ende	10:43 Uhr	**13:23 Uhr**	11:32 Uhr	**21:11 Uhr**	23:37 Uhr
Dauer	4 h 13 min	2 h 8 min	2 h 27 min	13 h 26 min	**18h 51min**

4. Sortiere der Größe nach! Beginne mit dem Kleinsten! (4)

$\frac{1}{4}$ l, 265 ml, 1/3 l, $\frac{1}{2}$ l, 1000 ml, 1,5 l, 1 $\frac{1}{2}$ hl, 750 l

5. Setze den richtigen Operator ein: >, <, = ! (3)

a) 2500 ml __=__ 2,5 l b) 350 ml __<__ $\frac{3}{4}$ l c) 0,33 ml __>__ $\frac{1}{4}$ l

d) 0,8 l __=__ 800 ml e) 50 l __>__ 5000 ml f) 0,45 l __>__ $\frac{1}{4}$ l

6. Rechne in die angegebene Einheit um! (8)

ml	l
30 ml	**0,03 l**
750 ml	$\frac{3}{4}$ l
10000 ml	10 l
2500 ml	**2,5 l**

L	hl
100 l	1 hl
10000 l	**100 hl**
50 l	**0,5 hl**
3050 l	30,5 hl

7. Ergänze die Tabelle! (8)

1 h	120 km
30 min	**60 km**
15 min	**30 km**
1 min	**2 km**
12 min	**24 km**

1 h	160 km
2 h	320 km
45 min	120 km
15 min	40 km
30 min	80 km

8. Julius möchte $\frac{1}{4}$ l Kakao zum Frühstück. In der Pause trinkt er einen halben Liter Mineralwasser. Zum Mittagessen 0,3 l Saftschorle. Nach dem Training hat er großen Durst und baucht 1,5 l Leitungswasser. Zum Abendessen trinkt er 250 ml Saftschorle und vor dem Schlafgehen noch 0,2 l heißen Früchtetee. (3)

250 ml + 500 ml + 300 ml + 1500 ml + 250 ml + 200 ml = **3000 ml**

A: **Julius hat an diesem Tag 3000 ml, d. h. 3 l Flüssigkeit zu sich genommen.**

11.8 Lösung zu 5-2 - Geometrie

1. Erkennst du die Körperformen? Schreibe den Namen des Körpers auf! 6

Aussage	**Körper**
Er ist von allen Seiten völlig gleich.	**Würfel**
Er hat eine Spitze und seine Grundfläche ist rund.	**Kegel**
Er hat zwei Kreise als Flächen.	**Zylinder**
Er hat hauptsächlich Dreiecke als Flächen.	**Pyramide**
Der Körper hat weder Kanten noch Ecken.	**Kugel**
Er hat zwölf Kanten und immer vier davon sind gleich groß.	**Quader**

2. Welche Körper sind hier dargestellt? 2

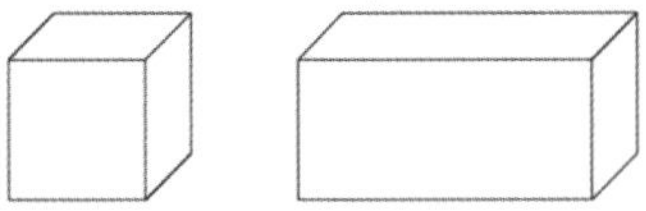

Würfel **Quader**

3. Benenne die Körper! 4

1 = Kugel, 2 = Würfel, 3 = Zylinder, 4 = Quader

4. Gib an bei welchen Netzen es sich um Würfelnetze handelt! 10

5, 6, 7, 9, 10

5. Bezeichne die Formen! 8

1 = Rechteck, 2 = Quadrat, 3 = Kreis, 4 = (gleichschenkliges) Dreieck
5 = (rechtwinkliges) Dreieck, 6 = Raute, 7 = Parallelogramm, 8 = Trapez

6. Gib die Ecken und Kanten folgender Körper an! 6

	Würfel	Quader	Kegel	Zylinder	Kugel	Pyramide
Ecken	**8**	**8**	**1**	**0**	**0**	**5**
Kanten	**12**	**12**	**1**	**2**	**0**	**8**

7. Stefan möchte ein großes Becken mit Wasser füllen, um seinen Hund darin zu baden. Jeder der Eimer soll <u>gleich oft</u> in das große Becken ausgegossen werden. <u>Wie oft muss jeder Eimer</u> ausgegossen werden, damit die <u>Wanne komplett gefüllt</u> ist? 3

180 l 15 l 8 l 5 l 2 l

Wanne komplett = **<u>180 l</u>**

Summe Volumen aller Eimer: Da alle Eimer gleich oft ausgeschüttet werden sollen, addieren wir die einzelnen Inhalte. → 15 l + 8 l + 5 l + 2 l = **<u>30 l</u>**

180 l : 30 l = <u>6</u> → Antwort: **Jeder Eimer muss sechsmal ausgegossen werden.**

11.9 Lösung zu 5-3

1. Kreuze an, ob die Aussagen wahr (w) oder falsch (f) sind! 6

Aussage	(korrekte Antwort)	w	f
Der Quader hat 10 Ecken.	(8 Ecken)		×
Die Kugel hat keine Kanten und keine Ecken.		×	
Ein Würfel hat 8 Begrenzungsflächen.	(6 Flächen)		×
Der Kegel hat eine gebogene Kante.		×	
Der Quader hat 8 Ecken und 12 Kanten.		×	
Der Würfel hat 16 Kanten und 8 Ecken.	(12 Kanten)		×
Die Pyramide hat 5 Ecken.		×	
Der Kegel hat keine Ecken.	(1 Ecke)		×
Der Zylinder hat keine Kanten.	(2 Kanten)		×
Der Zylinder wird aus einem Rechteck und zwei Kreisen gebildet.		×	
Eine Pyramide wird aus vier Dreiecken gebildet.	(und 1 Viereck)		×
Der Quader ist eine Sonderform eines Würfels.	(Der Würfel ist die Sonderform des Quaders)		×

2. Die folgenden Sätze treffen für Quader, Würfel oder beide oder auch gar nicht zu. Kreuze die richtigen Antworten an! 6

	Würfel	Quader	Weder noch
Ich habe 8 Ecken.	×	×	
Ich habe quadratische Flächen.	×		
Ich habe 12 gleichlange Kanten.	×		
Jeweils vier meiner Kanten sind gleich lang.		×	
Meine gegenüberliegenden Flächen sind gleich groß.	×	×	
Ich habe 8 Flächen.			×

3. Gib an, bei welchen Netzen es sich um Würfelnetze handelt! 10

4, 7, 8, 9

4. Bezeichne die Formen! **1 = Rechteck, 2 = Quadrat, 3 = Kreis, 4 = (gleichschenkliges) Dreieck** **5 = (rechtwinkliges) Dreieck, 6 = Raute, 7 = Parallelogramm, 8 = Trapez**	8
5. Nenne zwei Körper, die keine Ecken haben! **Kugel, Zylinder**	2
6. Welche Körper kennst du, die weder Ecken noch Kanten hat? **Nur die Kugel hat weder Ecken noch Kanten.**	1
7. Diese Quadernetze sind unvollständig. Ergänze sie! 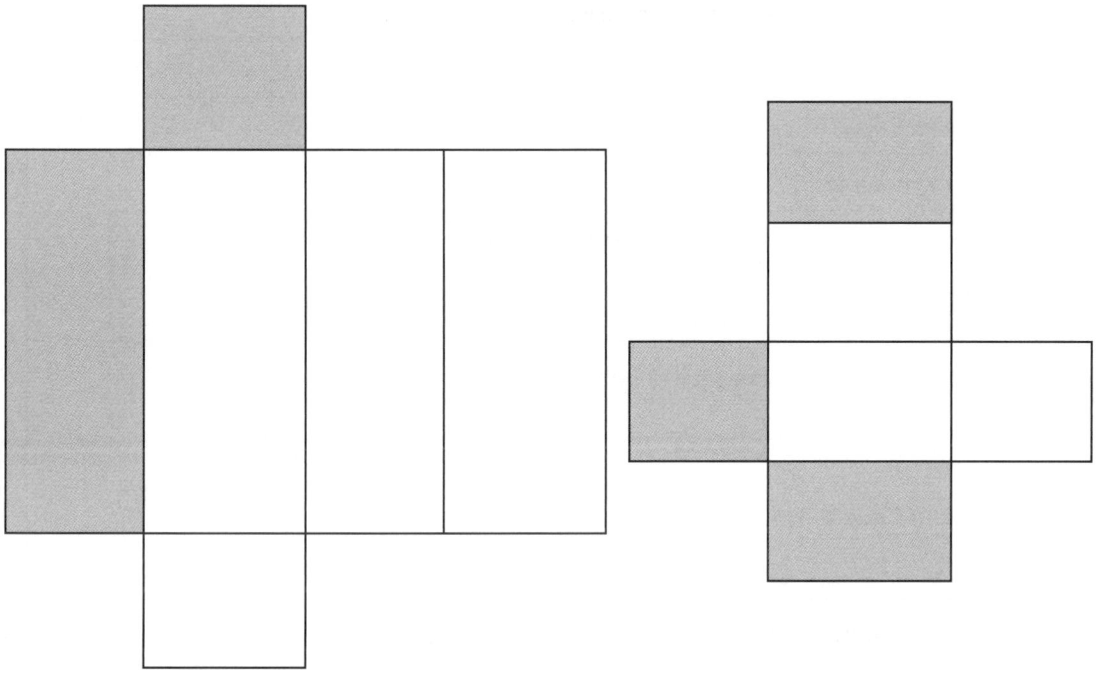	2

11.10 Lösung zu 5-4

1. Kreuze an, ob die Aussagen wahr (w) oder falsch (f) sind! 5

Aussage	w	f
Der Quader hat lauter gleich lange Kanten.		x
Die Kugel hat keine Kanten und keine Ecken.	x	
Ein Quader hat 6 Begrenzungsflächen.	x	
Der Kegel hat keine Kante.		x
An jeder Quaderkante stoßen zwei Flächen zusammen.	x	
Die Pyramide hat 8 Kanten.	x	
Der Kegel hat keine Ecken.		x
Der Zylinder hat eine Kante.		x
Der Zylinder wird aus einem Rechteck und einem Kreis gebildet.		x
Ein Würfel hat zehn Kanten.		x

2. Welche Körper sind hier dargestellt? Beschrifte die Figuren! 2

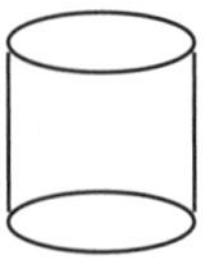

Zylinder

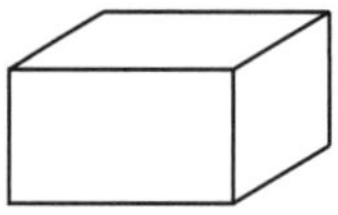

Quader

3. Zeichne ein mögliches Würfelnetz und ein Quadernetz! 4

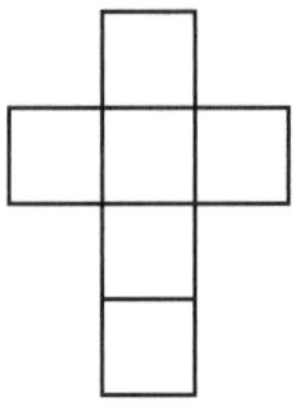

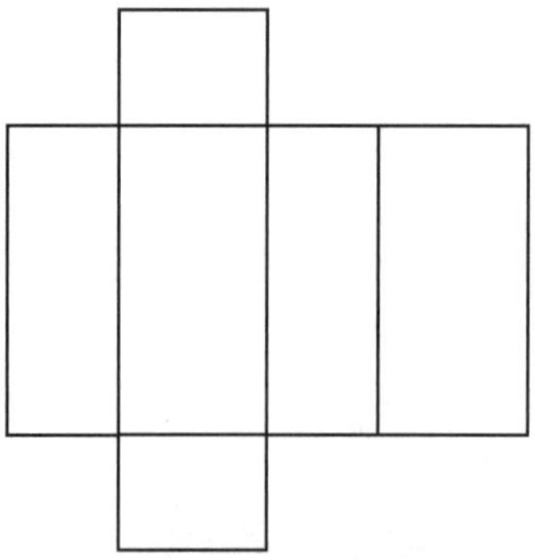

Sowohl Quader als auch Würfel haben 8 Ecken und 12 Kanten.

4. Ein Rechteck hat die Seite a = 5 cm und die Seite b = halb so lang wie a. Zeichne das Rechteck maßstabsgetreu! 2

a = 5 cm

b = 2,5 cm

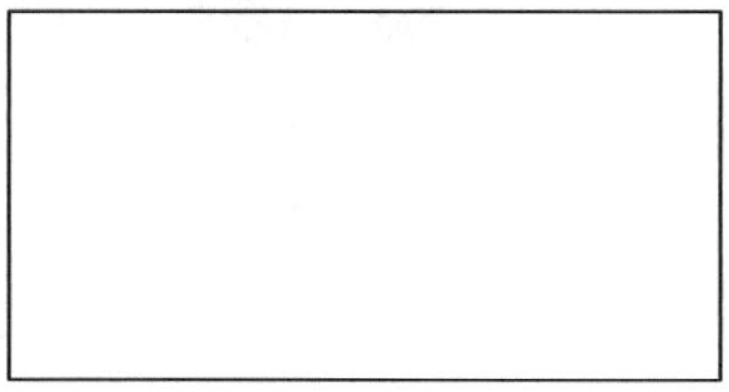

5. Kreuze die Netze an, die sich zu einem Würfel falten lassen! 5

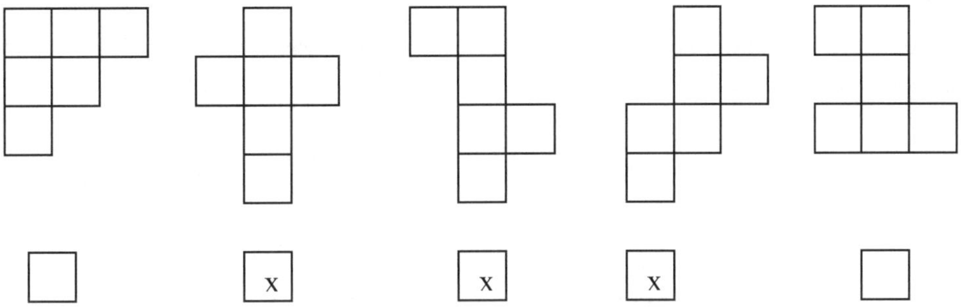

6. Bezeichne die Formen! 8

1 = Rechteck, 2 = Kreis, 3 = Sechseck, 4 = Quadrat, 5 = Parallelogramm, 6 = Achteck, 7 = (rechtwinkliges) Dreieck, 8 = Trapez

7. Zeichne ein Quadrat mit der Seitenlänge 2 cm! 1

8. Zeichne mit Hilfe eines Zirkels einen Kreis mit dem **Radius r = 3 cm** und einen zweiten Kreis mit dem **Durchmesser d = 5 cm!** 2

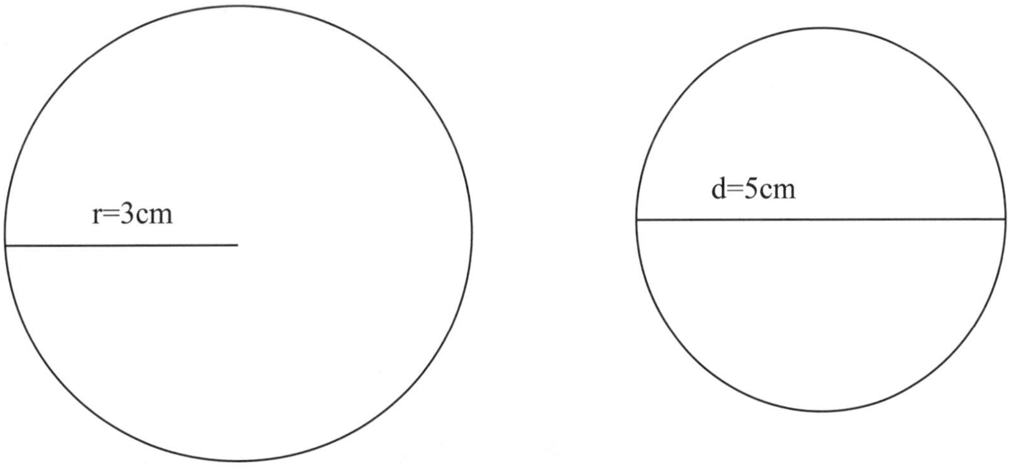

9. Zeichne einen Punkt P, der von der Geraden a den Abstand 2 cm und von der Geraden b den Abstand 3,5 cm hat! 2

→ Gerade parallel zu a zeichnen und dann Abstand 3,5 cm abmessen vom Schnittpunkt mit der Gerade b → dort liegt P

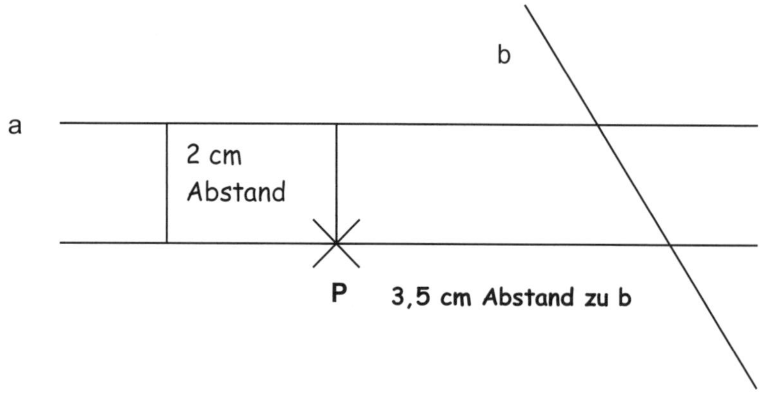

10. Zeichne zwei Geraden mit: 3

0 Schnittpunkten

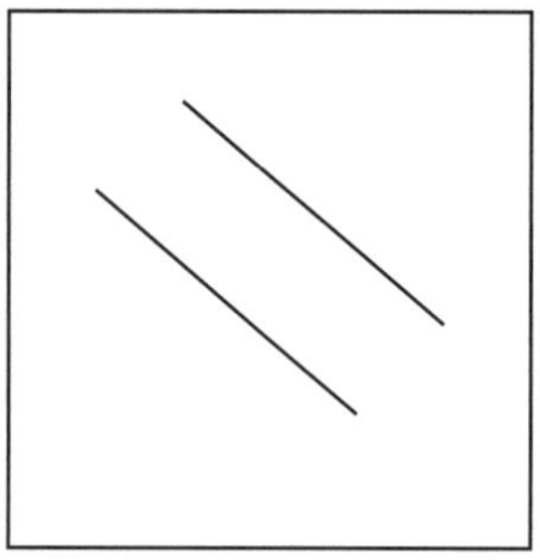

1 Schnittpunkt

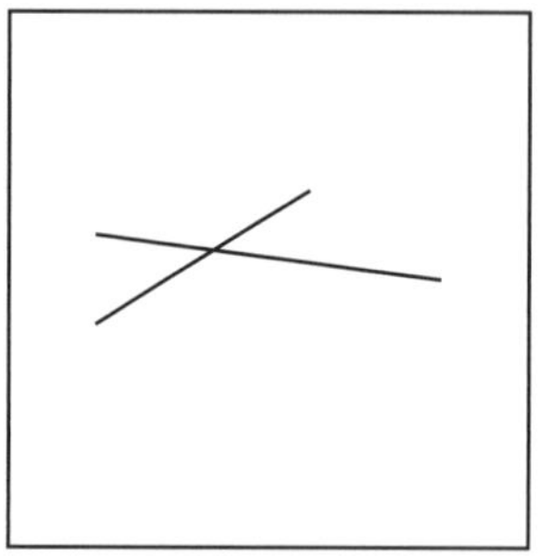

2 Schnittpunkten

Nicht möglich, zwei Geraden können immer nur einen oder keinen Schnittpunkt haben!

11.11 Lösung zu 5-5 - Geometrie / Symmetrieachsen

1. Finde die möglichen Symmetrieachsen, zeichne sie ein und schreibe die Anzahl auf! 6

Anzahl: _____1_____ Anzahl: ____0____ Anzahl: ____0____

2. Verschiebe die grauen Kästen nach der angegebenen Vorschrift! 4

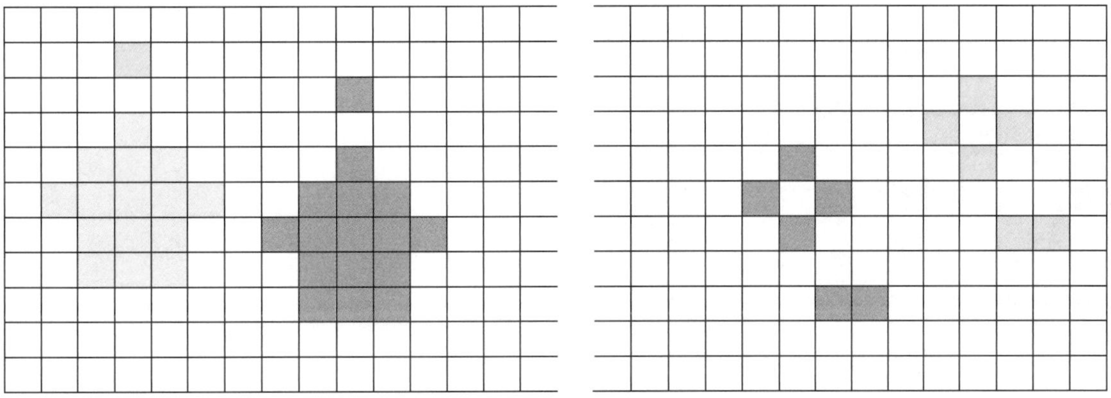

1 nach unten, 6 nach rechts 2 nach unten, 5 nach links

3. Drehe die erste Figur um **eine Vierteldrehung nach rechts** um den vorgegebenen Drehpunkt und die zweite um eine halbe Drehung nach links! 6

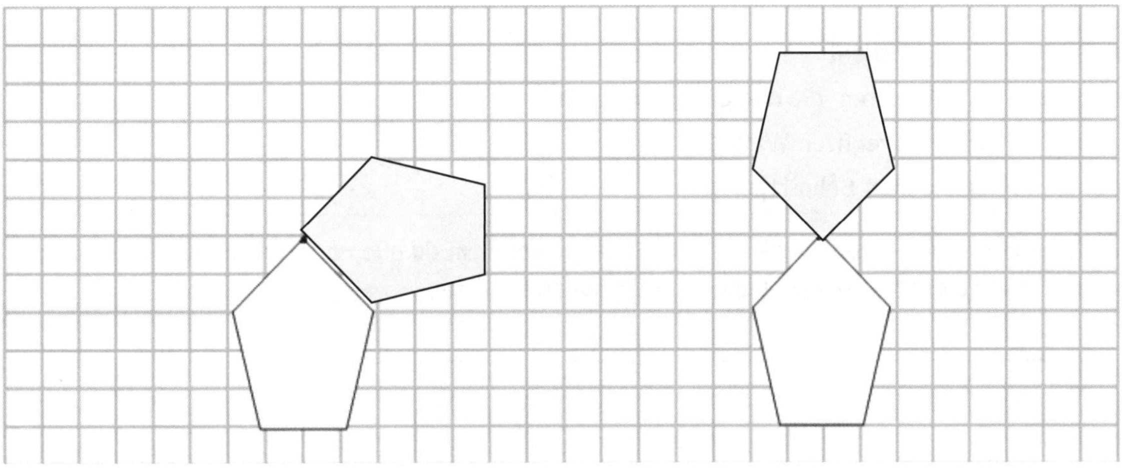

4. Ergänze! a) Wie viele Würfel musst du hinzufügen, bis ein kompletter Quader entsteht? b) Aus wie vielen Würfel besteht dann der ganze Quader?	6

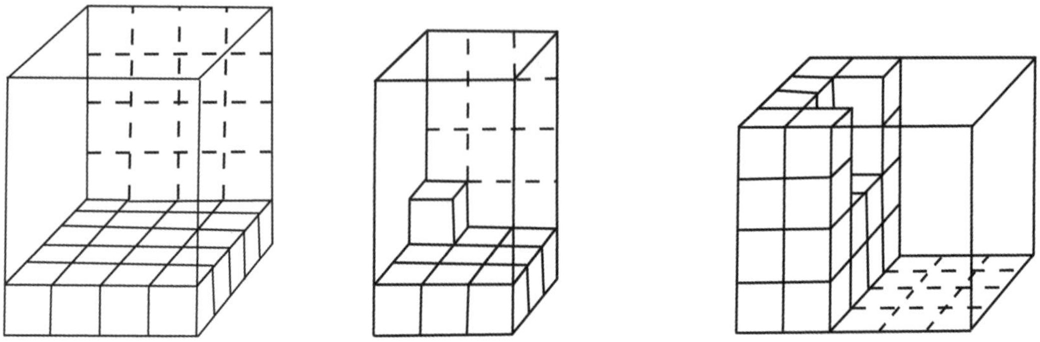

a) **5 · 4 · 4 = 80**
b) **5 · 4 · 5 = 100**

a) **3 · 3 · 4 – 1 = 36 - 1 = 35**
b) **3 · 3 · 5 = 45**

a) **3 · 4 · 4 + 2 · 2 = 48 + 4 = 52**
b) **5 · 4 · 4 = 80**

5. Spiegele die Figuren an der eingezeichneten Achse a! Verwende ein Lineal! — 4

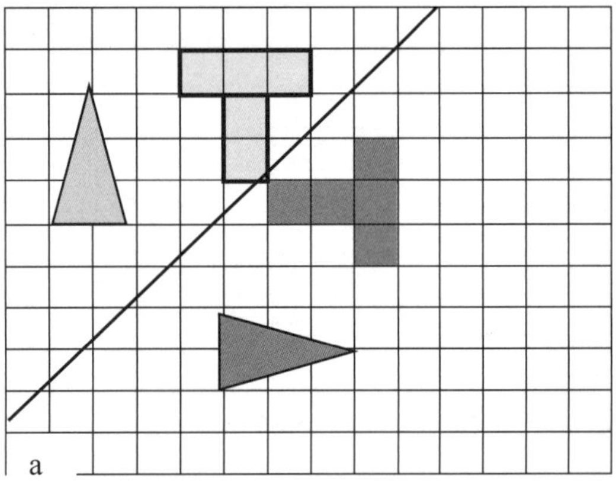

6. Ergänze den Text! — 4

Ein Rechteck hat **4** Ecken.

Ein Quadrat hat **4** Seiten, die alle **gleich lang** sind.

Ein 90° Winkel heißt **rechter** Winkel.

Parallelen haben **keinen** Schnittpunkt.

7. Zeichne mit dem Geodreieck ein Rechteck, in welchem du alle rechten Winkel kennzeichnest, mit folgenden Maßen: Länge = 9 cm; Breite = 2 cm; — 2

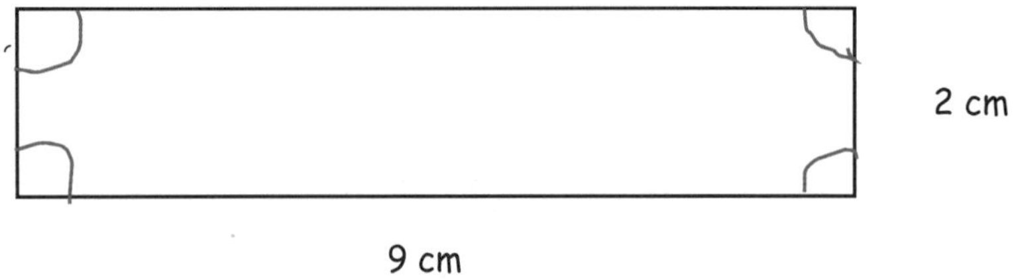

8. Zeichne eine Senkrechte zu a, die durch den Punkt B führt. Verwende ein Geodreieck. 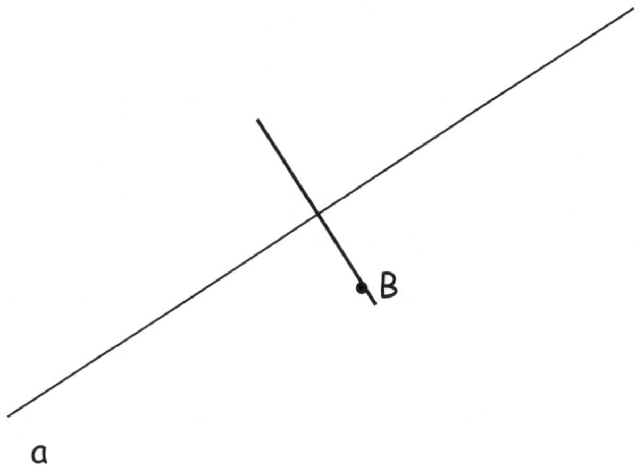	2
9. Verdopple die eingezeichneten geometrischen Figuren. 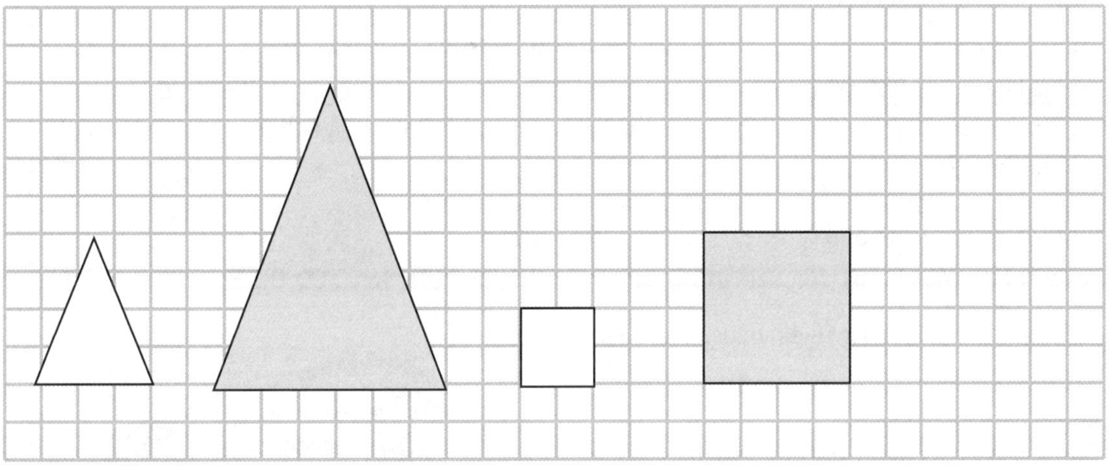	2

11.12 Lösung zu 6-1 - Zahlenraum bis 100.000

1. Ordne der Größe nach. Beginne mit der kleinsten Zahl. **10241 < 32108 > 43522 < 46392 < 74982 < 82902**	3
2. Achtung: Diese Aufgabe bezieht sich nur auf die Zahlen in der Box! a) **1000** b) **25300, 25030, 25003, 25201, 25210, 25021, 25102, 25120, 25012** c) Jede Zahl deren **Quersumme durch 3** teilbar ist, ist auch durch 3 teilbar. **25200, 25233, 25500, 25530, 25539 ….** d) Jede Zahl, die **auf 0 oder 5 endet**, ist durch fünf teilbar. **25005, 25010, 25015, …, 25600, 25605 … 26000**	8

3. Rechne aus! (8)

27486 − 7 = **27479**
66997 + 8 = **67005**
30007 − 9 = **29998**
33995 + 8 = **34003**

58005 − 30 = **57975**
18350 + 700 = **19050**
30050 − 330 = **29720**
64697 + 500 = **65197**

4. Zahlenrätsel. Schreibe alle Rechenschritte auf! (3)

Addiere 12600 und 11400 und dividiere dann das Ergebnis durch 12. Multipliziere nun deine Zahl mit dem Doppelten von 3! Welche Zahl wird gesucht

12600 + 11400 = **24000** 24000 : 12 = **2000**

2000 · (3 · 2) = 2000 · 6 = **12000**

Die gesuchte Zahl heißt 12000.

5. Multipliziere die Summe aus 185 und 374 mit der Differenz aus 648 und 571. Dividiere das Ergebnis durch 43! Welche Zahl erhältst du? (4)

185 + 374 = **559** 648 − 571 = **77**
559 · 77 = **43043** 43043 : 43 = **1001**

Ich erhalte die Zahl 1001.

6. Herr Maier kauft sich einen Neuwagen für 31.900,00 Euro. Er hat dafür bereits ein Jahr lang monatlich 550,00 Euro gespart. Für sein altes Auto erhält er noch 4300,00 Euro vom Händler. In 30 Monaten möchte er sein Auto abbezahlt haben. Wie hoch ist seine monatliche Rate? (4)

550 · 12 = **6600** 31900 − 4300 = **27600**
27600 − 6600 = **21000** 21000 : 30 = **700**

Antwort: **Hr. Maier hat für sein Auto eine monatliche Rate von 700,00 Euro.**

7. Familie Schmid möchte ein neues Auto kaufen. (7)

Bei Barzahlung erhalten sie den Wagen um den zehnten Teil billiger.
Sie können aber auch nur die Hälfte des Preises anzahlen und den Rest in 36 Monaten mit einer monatlichen Rate von 460 € begleichen,

Berechne den Preisunterschied zwischen den beiden Angeboten!

3	3	0	0	0	€	:	1	0	=	**3**	**3**	**0**	**0**	€			3	3	0	0	0	€	
																-		3	3	0	0	€	
																		1					
																	2	**9**	**7**	**0**	**0**	€	
3	3	0	0	0	€	:	2	=	**1**	**6**	**5**	**0**	**0**	€									
																	1	6	5	0	0	€	
4	6	0	€	·	3	6	=	**1**	**6**	**5**	**6**	**0**	€			+	1	6	5	6	0	€	
1	3	8	0														1	1					
	2	7	6	0													**3**	**3**	**0**	**6**	**0**		
1	**6**	**5**	**6**	**0**	€																		
3	3	0	6	0	€	-	2	9	7	0	0	€	=	**3**	**3**	**6**	**0**	€					

A: **Das Angebot gleich bar zu bezahlen ist um 360 € günstiger als die Ratenzahlung.**

11.13 Lösung zu 6-2

1. Kontrolliere, ob du alle Zahlen richtig aufgeschrieben hast! 2,5

2. Schriftliches Addieren. Schreibe untereinander und rechne dann! 2

25695	36375
99	1425
3756	6907
+ 788	+ 83
1 2 3 2	1 1 1 2
30338	**44790**

3. Schriftliches Subtrahieren. Schreibe untereinander und rechne dann! 4

89 5	09999	3449
9~~0~~4~~6~~0	~~10000~~0	~~4550~~0
- 57634	- 94850	17810
		-21011
32826	0**5150**	0**6679**

4. Setze die Zahlenfolgen fort: 4,5

12350, 12410, 12470, **12530, 12590, 12650** (+60)
42219, 42214, 42209, **42204, 42199, 42194** (-5)
73900, 62800, 51700, **40600, 29500, 18400** (-11100)

5. Rechne im Kopf! 8

5 · 8000 =	**40000**	8 · 7000 =	**56000**
50 · 900 =	**45000**	540 : 9 =	**60**
4000 : 8 =	**500**	66000 : 60 =	**1100**
4800 : 600 =	**8**	49000 : 70 =	**700**

6. Multipliziere die Summe aus 15 und 45 mit der Differenz aus 648 und 348. Addiere zum Ergebnis das Doppelte von 11000. Dividiere das Ergebnis durch 80. 6

15 + 45 = **60;** 648 − 348 = **300;** 60 · 300 = **18000**

2 · 11000 = **22000;** 18000 + 22000 = **40000;** 40000 : 80 = **500**

Ich erhalte die Zahl 500!

7. Rechne mit dem nächstliegenden Hunderter! 6

Aufgabe:	Überschlag (= Ü)	Schreibe Ü ‚liegt über' oder ‚liegt unter' dem exakten Ergebnis €
328 · 6	300 · 6 = 1800	Ü liegt unter dem exakten E
583 · 8	**600 · 8 = 4800**	**Ü liegt über dem exakten E**
9827 · 7	**9800 · 7 = 68600**	**Ü liegt unter dem exakten E**
1312 · 4	**1300 · 4 = 5200**	**Ü liegt unter dem exakten E**

11.14 Lösung zu 6-3 - Zahlenraum bis 1.000.000

1. Schreibe in Ziffern! **4**

1HT 4ZT 3H 5E	= **140305**	4ZT 3T 7E 12Z	= **43127**
2E 4ZT 5HT 3H	= **540302**	4T 3ZT 3Z	= **34030**

2. Wie heißen die Zahlen? **3**

einhundertsiebentausendvier	= **107004**
fünfhundertsiebzigtausendeinundneunzig	= **570091**
dreihundertfünfundachtzigtausendsechshundertzwei	= **385602**

3. Schriftliches Addieren. Schreibe untereinander und rechne dann! **2**

```
a) 624295          b) 246375
      909              12425
    31506               6007
 +     18          +     823
-------------------------------
      112              111 2
   656728             265630
```

4. Schriftliches Subtrahieren. Schreibe untereinander und rechne dann! **3**

```
 11900             -- 2879
 ~~220110~~            -8~~39806~~
- 77123            -218107
                   -110112
-------------------------------
 142987             511587
```

5. Welche seltsame Zahl könnte dies sein? Paul multipliziert sie mit 7 und *Julius multipliziert sie mit 7000.* Beide erhalten **dasselbe Ergebnis**! **1**

Die **Zahl 0** ist die einzige Zahl, bei der der zweite Faktor bei der Multiplikation keine Rolle spielt, **das Ergebnis ist immer 0**! → $0 \cdot 7 = 0$ $0 \cdot 7000 = 0$

6. Paul steht in der Hotelgarage und zählt 24 Motorräder, mehrere Autos und 160 Reifen. **4**

Frage: **Wie viele Autos stehen in der Garage?**

Motorräder:	24 · 2 = **48**;
Gesamtreifen – Motorradreifen:	160 - 48 = **112**;
Autoreifen:	112 : 4 = **28**

Antwort: **Es stehen 28 Autos in der Garage!**

7. Setze die Zahlenfolge fort! **3**

123500, 123611, 123722, **123833, 123944, 124055**
732418, 732918, 733418, **733918, 734418, 734918**

8. Rechne im Kopf! **8**

15 · 15 =	**225**	7 · 30000 =	**210000**
33 · 900 =	**29700**	3333 : 3 =	**1111**
64000 : 8 =	**8000**	120000 : 40 =	**3000**
7200 : 60 =	**120**	121 : 11 =	**11**

9. Rechne schriftlich! 4

a) 3372 : 6 = **562**
30

37
36

12
12

0

b) 19221 : 3 = **6407**
18

12
12

02
0

21
21

0

10. Schreibe die größte sechsstellige Zahl auf! **999999** 1

11. Rechne aus! 4

a) 428 · 23 = **9844**
8560
1284

9844

b) 475 · 12 = **5700**
4750
950

5700

12. Linus wünscht sich schon lange einen IPOD. Er kostet 234,00 Euro. Er hat bereits 72,00 Euro gespart. Zum Geburtstag bekommt er von seiner Patentante 50,00 Euro, von seiner Schwester bekommt er 15,00 Euro und von seiner Oma erhält er noch 25,00 Euro. 3

a) Linus fehlen noch **72,00 Euro.**
b) Eine Monatsrate beträgt **12,00 Euro**.

72 €+ 50 € + 15 € + 25 € = **162 €** → hat Linus
234 € - 162 € = **72 €** → fehlen ihm noch
72 € : 6 = **12 €** → beträgt die Monatsrate

13. Achtung Fehler! Überprüfe die Aufgaben und notiere darunter, um welchen Fehler es sich handelt: Einmaleinsfehler, Fehler bei Merkzahlen, Fehler beim Addieren oder falsche Stellenschreibweise! (Es können auch mehrere Fehler versteckt sein!) 5

	8	9	1	•	5	
		4	4	5	0	

Einmaleinsfehler
korrektes Ergebnis: 4445

	6	1	3	•	2	5	
	1	2	2	6			
	3	0	6	5			
			1				
	4	2	9	1			

falsche Stellenschreibweise
15325

	1	8	6	•	4	5	
	7	4	4				
		9	3	0			
	2						
	9	3	6	0			

Fehler beim Addieren
Fehler bei Merkzahlen
8370

11.15 Lösung zu 6-4

1. Schreibe die Zahlen untereinander und rechne dann! 14598 + 99 + 7563 + 877 (Überträge: 1 2 3 2) = **23137** 142536 + 1425 + 66821 + 47 (Überträge: 1 1 1 1 1) = **210829** 72787 + 378219 (Überträge: 1 1 1 1 1) = **451006**	3
2. Rechne auch hier, indem du die Zahlen untereinanderschreibst! 425624 − 34567 = **391057** 1000000 − 389253 = **610747** 455007 − 378220 = **76787**	3
3. Rechne aus! 7270 · 13 = **94510** 72700 (7270 · 10) +21810 (7270 · 3) **94510** 25 · 25 = **625** 500 (25 · 20) +125 (25 · 5) **625**	4
4. Setze die Zahlenfolgen fort! 13700, 14400, 15100, **15800, 16500, 17200** 424223, 424236, 424249, **424262, 424275, 424288** 639000, 529000, 419000, **309000, 199000,** 89000	4
5. Rechne schriftlich! a) 135621 : 3 = **45207** NR: 13 : 3 = 4 R1 − 12 15 : 3 = 5 R0 15 — 15 : 3 = 5 R0 6 — 6 : 3 = 2 R0 2 — 2 : 3 geht nicht also 0 - schreibe die 0 zum 21 — Ergebnis und hol dir noch die 1 - 21 : 3 = 7 b) 1830 : 15 = **122** 15 NR: 18 : 15 = 1 R3 33 — 33 : 15 = 2 R3 − 30 30 — 30 : 15 = 2 R0	4
6. Multipliziere schriftlich! a) 135 · 34 = **4590** 4050 (135 · 30) + 540 (135 · 3) **4590** b) 130 · 15 = **1950** 130 (130 · 10) 650 (130 · 5) **1950**	4

7. Maya hat die Ziffernkombination von ihrem Fahrradschloss vergessen. Sie kann sich aber noch an alle Ziffern erinnern, die vorkommen: 1, 5, 3 und 9. (Punkte: 4)

a) Wie viele Lösungsmöglichkeiten hat Maya? → Berechnung!

→ **4 · 3 · 2 · 1 = 24 Möglichkeiten**

b) Wie viele Lösungsmöglichkeiten gibt es insgesamt bei einem Schloss mit vier Zahlen und den Ziffern 0 – 9? → **10 · 10 · 10 · 10 = 10000 Möglichkeiten**

8. Karls Eltern haben im Lotto **1.000.000,00 Euro** gewonnen. Die Eltern kaufen ein Haus für <u>573.000,00 Euro</u> und Karl bekommt ein Fahrrad für *738,00 Euro*. (Punkte: 4)

a) Über wie viel Euro können Karls Eltern noch verfügen?

b) In den Sommerferien macht die Familie eine lange Studienreise. Die Reise kostet **pro Person 5.325,00 Euro**. Wie viel Geld bleibt der Familie am Ende übrig?

Notiere alle wichtigen Zahlen:

a)099999
~~100000~~0
\- 573000
\- 738

426262

b) 3 Personen
5325 · 3 = **15975**
515
42~~626~~2
\- 15975

410287

a) **Nach den ersten Ausgaben hat die Familie noch <u>426262,00 Euro</u>.**

b) **Am Ende bleibt der Familie <u>410.287,00 Euro</u> übrig.**

9. Linus räumt die **24 Bände** seines Lexikons ins Regal. **Ein Band ist 6 cm und 3 mm breit.** Wie viel Platz belegt Linus in seinem Regal? (Punkte: 2)

1 Band = 63 mm
24 Bände: 24 · 63 mm = 1512 mm = **1,512 m**

144 NR: 6 · 24 = 144
\+ 72 3 · 24 = 72 → eine Stelle nach rechts!

1512

Antwort: **Linus 24 Bände belegen im Regal einen Platz von 1,512 m.**

10. Familie Maier verbringt die Sommerferien für **14 Tage** in einem Luxushotel am Tegernsee. Zur Familie gehören Vater Martin, Mutter Clara, der zwölfjährige Julius, die neunjährige Nina, und die zweijährigen Zwillinge Paul und Linus. (Punkte: 6)

Die Zwillinge kosten nichts, da sie bis 2 Jahre frei sind!
Julius, Mama, Papa kosten pro Tag Halbpension **96,00 Euro**, da sie länger als 5 Nächte bleiben. **Nina** kostet die **Hälfte von 96,00 €**, entspricht **96 € : 2 = 48,00 €**

Die Familie bleibt **14** Tage im Urlaub.

1 Tag kostet für alle: **(96 · 3)** + 48 = **288** + 48 = **336**

14 Tage: 336 · 14 = **4704**
3360
1344

4704

Antwort: **Der Urlaub kostet insgesamt 4.704,00 Euro.**

11.16 Lösung zu 6-5

1. Schreibe die Zahlen in Ziffernschreibweise auf: — 2

Dreihundertsiebenundzwanzigtausendvierunddreißig → **327.034**

Zweihundertsiebenundvierzigtausenddrei → **247.003**

2. Wie heißen die Zahlen? — 4

6HT 3T 5H 2E =	**603502**	5ZT 2HT 2H 2T =	**252200**
8ZT 4Z 5HT =	**580040**	2HT 3T 12Z 5E =	**203125**
8HT 3Z 5H 7E =	**800537**	3E 2HT 7H 2T =	**202703**
5H 6Z 7HT 1E =	**700561**	2H 3ZT 2Z 9E =	**30229**

3. Schreibe die Zahlen untereinander und rechne dann! — 4

```
   13248        17416        3 4 4 9        3 3 4 5
   17416        11135        455007         425624
    7333         2121      - 378220          34567
 +   877      +    47                      -  7392
   1112          111
 -------      -------      -------        -------
   38874        30719        76787         383665
```

(Bei 455007 sind die Ziffern 4550 durchgestrichen, bei 425624 die Ziffern 4256.)

4. Wie kannst du - ohne die Rechnung auszurechnen - ermitteln, ob eine Zahl durch 3 teilbar ist? — 1

Eine Zahl ist durch 3 teilbar, wenn ihre **Quersumme durch 3 teilbar** ist.

5. Rechne im Kopf! — 4

839699 + 5 = **839704** 723991 – 111 = **723880**

420000 – 3 = **419997** 73000 – 47000 = **26000**

6. Rechne schriftlich! — 4

a) 1369 · 12 = **16428** b) 4364 · 14 = **61096**

```
  13690 (1369 · 10)          43640    (4364 · 10)
+  2738 (1369 · 2)         + 17456    (4364 · 4)
 ------                     ------
  16428                      61096
```

7. Dividiere schriftlich und mache anschließend die Probe! 9

															P	**R**	**O**	**B**	**E**	**:**							
1	8	3	0	6	:	6	=	**3**	**0**	**5**	**1**				3	0	5	1	·	6	=	**1**	**8**	**3**	**0**	**6**	
1	8																	6									
		3	0													3	0										
				6												0											
														1	8												
														1	**8**	**3**	**0**	**6**									
1	4	4	4	5	:	5	=	**2**	**8**	**8**	**9**				2	8	8	9	·	5	=	**1**	**4**	**4**	**4**	**5**	
	4	4															4	5									
		4	4													4	0										
			4	5											4	0											
														1	0												
														1	**4**	**4**	**4**	**5**									
5	2	3	2	7	:	1	1	=	**4**	**7**	**5**	**7**			4	7	5	7	·	1	1	=	**5**	**2**	**3**	**2**	**7**
	8	3															7	7									
		6	2													5	5										
			7	7											7	7											
														4	4												
														5	**2**	**3**	**2**	**7**									

8. Rechne aus! 4

```
13692 : 21 =  652    NR: 136 : 21 = 6 R10
126
 109                    109 : 21 = 5 R4
-105
   42                    42 : 21 = 2 R0

 3444 : 14 = 246
-28                  NR: 34 : 14 = 2 R6
  64                     64 : 14 = 4 R8
 -56
   84                    84 : 14 = 6 R0
```

9. Wandle in die angegebenen Einheiten um! 8

3 m 40 cm	340 cm
6 kg 29 g	6029 g
82 hl 3l	8203 l
7 t 74 kg	7074 kg

634 l	6,34 hl
18 $\frac{1}{2}$ m	1850 cm
83 cm	830 mm
52 kg	0,052 t

10. Die Lehrerin der Klasse 4 a fährt **täglich 14 km und 352 m** zur Schule **hin und zurück. Wie viele Kilometer fährt sie in einer Woche**? Schreibe in Kommaschreibweise. 2

Die Lehrerin fährt täglich **14352 m** zur Schule. In einer Woche fährt sie

14352 m · 5 = 71760 m.

Antwort: In der Woche fährt die Lehrerin **71760 m, das sind 71,760 km.**

11.17 Lösung zu 6-6

1. Rechne im Kopf! 750000 + 280000 = **1.030.000** 335000 + 180000 = **515.000** 570000 + 230000 = **800.000** 560000 – 130000 = **430.000** 710000 – 150000 = **560.000** 420000 – 235000 = **185.000**	6
2. Rechne im Kopf! 7500 · 40 = **300.000** 330 · 1000 = **330.000** 80 · 8000 = **640.000** 560000 : 4000 = **140** 810000 : 9000 = **90** 480000 : 12000 = **40**	6
3. Runde auf! (siehe Tabelle unten)	3
4. Rechne schriftlich! a) 279 · 22 = **6.138** 5580 (279 · 20) **+ 558** **(279 · 2)** **6138** b) 384 · 45 = **17.280** **15360** **(384 · 40)** **+ 1920** **(384 · 5)** **17280**	4
5. Schreibe zuerst den Überschlag und rechne dann genau! **a)** 7992 : 3 = **2.664** Überschlag: 9000 : 3 = **3000** **b)** 4487 : 7 = **641** Überschlag : 4200 : 7 = **600** **c)** 24078 · 4 = **96.312** Überschlag: 25000 · 4 = **100000** **d)** 69709 · 7 = **487.963** Überschlag: 70000 · 7 = **490000**	8
6. **Addiere** *das Vierfache von 12534* und den vierten Teil von 417164! **12534 · *4* = 50136** 417164 : 4 = **104291** 104291 + 50136 **= 154427**	3
7. **Subtrahiere** vom *Sechsfachen von 5546* den dritten Teil von 12141. 5546 · 6 = **33276** 12141 : 3 = **4047** 33276 – 4047 = **29229**	3
8. Eine Pfandfindergruppe macht eine Fahrradtour über insgesamt 98 km. Sie sind 5 Tage lang unterwegs. Frage: **Wie viel km muss die Gruppe täglich fahren? R.: 98 km : 5 = 19,6 km** Antwort: **Die Pfadfinder fahren täglich 19,6 km.** Alternative: Hier solltest du erkennen, dass 100 : 5 leicht zu rechnen ist und deshalb die 98 aufrunden. **100 : 5 = 20; 100 – 98 = 2 ; 20 - 2 = 18; (4 · 20) + 18 = 98** Antwort: **Die Pfadfinder fahren 4 Tage lang 20 km und einen Tag 18 km.** Da die Angabe und auch die Frage offenlassen, ob die Gruppe jeden Tag gleich viel fährt, sind beide Antworten korrekt. **ACHTE stets auf die genaue Formulierung!**	3

Tabelle zu 3.:

	65.509	**187.063**
Zur Zehnerzahl	65.510	187.060
Zur Hunderterzahl	65.500	187.100
Zur Zehntausenderzahl	70.000	190.000

9. Tim und Ben wollen ein Baumhaus bauen. Sie haben die notwendigen Materialien schon aufgeschrieben und wollen zum Baumarkt.	7

8 Dachlatten je 2 m Länge
6 Dachlatten je 1,50 m Länge
16 Bretter je 4 m Länge
24 Winkeleisen
circa 420 Nägel

Angebot vom Baumarkt:

Dachlatten 3 m	1,80 € / Latte
Bretter 4 m	4,05 € / Latte
Nägel	2,60 €
→ pro Verpackungseinheit 40 Stück	
Winkeleisen	1,05 € / Stück

Frage: **Wieviel Geld benötigen die Kinder, um alles nötige Material bezahlen zu können?**

- ➔ Latten 2 m: da es diese nicht gibt und nicht gestückelt werden kann müssen die 3 m Latten gekauft werden. → **8 · 1,80 € = 14,40 €**
- ➔ Latten 1,5 m hier können die 3 m Latten halbiert werden, deshalb benötigen wir nur die halbe Anzahl an Latten. → **6 : 2 = 3** → **3 · 1,70 € = 5,10 €**
- ➔ Bretter: → **16 · 4,05 € = 64,80 €**
- ➔ Winkeleisen: **24 · 1,05 € = 25,20 €**
- ➔ Damit die Nägel reichen, muss erst ermitteln werden wie viele Päckchen benötigt werden
  → **420 : 40 = 10 Rest 20** → d. h. sie brauchen 11 Päckchen (10 + 1 = 11, da es keine halben Päckchen gibt)
  → **11 · 2,60 € = 28,60 €**
- ➔ **64,80 € + 14,40 € + 5,10 € + 25,20 €+ 28,60 € = 138,10 €**

Antwort: **Die Kinder benötigen 138,10 €, um ihr Material zu bezahlen.**

11.18 Lösung zu 6-7

1. Rechne mit Überschlag! 6

Ü: 54000 : 9 = **6000** Ü: 35000 : 7 = **5000**

a) 54603 : 9 = **6067** b) 36106 : 7 = **5158**

5	4	6	0	3	:	9	=	**6**	**0**	**6**	**7**												
5	4																						
	0	6	0									3	6	1	0	6	:	7	=	**5**	**1**	**5**	**8**
	-	5	4								-	3	5										
			6	3									1	1									
		-	6	3									-	7									
				0										4	0								
													-	3	5								
															5	6							
														-	5	6							
																0							

2. Rechne mit Überschlag! 6

Ü: 14000 : 7 = **2000**
a) 13692 : 7 = **1956**

Ü: 54000 : 6 = **9000**
b) 54636 : 6 = **9106**

1	3	6	9	2	:	7	=	**1**	**9**	**5**	**6**			5	4	6	3	6	:	6	=	**9**	**1**	**0**	**6**
-	7												-	5	4										
	6	6													0	6									
-	6	3													-	6									
		3	9													0	3	6							
	-	3	5													-	3	6							
			4	2														0							
		-	4	2																					
				0																					

3. Rechne mit Überschlag! 6

Ü: 21000 : 3 = **7000**
a) 22017 : 3 = **7339**

Ü: 9000 : 9 = **1000**
b) 10962 : 9 = **1218**

	2	2	0	1	7	:	3	=	**7**	**3**	**3**	**9**			1	0	9	6	2	:	9	=	**1**	**2**	**1**	**8**
-	2	1												-		9										
		1	0													1	9									
	-		9												-	1	8									
			1	1													1	6								
		-		9												-		9								
				2	7													7	2							
			-	2	7												-	7	2							
					0														0							

4. Rechne mit Überschlag! 6

Ü: 14,00 € : 7 = **2 €**
a) 15,89 € : 7 = **2,27 €**

Ü: 160,00 € : 8 = **20 €**
b) 156,48 € : 8 = **19,56 €**

Denke an das Komma! Du kannst es zunächst weglassen, musst es am Ende aber wieder setzen!

	1	5	8	9	:	7	=	**2**	**2**	**7**	
-	1	4									
		1	8								
	-	1	4								
			4	9							
		-	4	9							
				0							

	1	5	6	4	8	:	8	=	**1**	**9**	**5**	**6**
-		8										
		7	6									
	-	7	2									
			4	4								
		-	4	0								
				4	8							
			-	4	8							
					0							

5. Familie Maier verbringt die Sommerferien für 3 Tage auf einem Campingplatz. Zur Familie gehören Vater Karl, Mutter Clara, der siebzehnjährige Julius, die zwölfjährige Nina.	4

Kinder bis 16 Jahren sind frei. Nur **Karl**, **Clara** und **Julius** müssen für **den Aufenthalt im Wohnwagen** zahlen. → d. h. nur *3 Personen zahlen*!

1 Tag Wohnwagen = **53,00 €** → da 3 Tagesaufenthalt
3 · **53,00 € = 159,00 €** → 1 Tag für die 3 zahlenden Personen
3 · **159,00 € = 477,00 €** → 3 Tage für die ganze Familie

Antwort: **Der Aufenthalt kostet Familie Maier 477,00 Euro!**

6. Paul hat eine **32,40 m** lange Schnur. Er möchte vier gleich lange Teile haben. 3

Frage: Wie lang ist ein Teil?

		3	2	4	0	:	4	=	**8**	**1**	**0**	
	-	3	2									
			0	4								
			-	4								
				0	0							
				-	0							
					0							

Antwort:
Jedes Teil ist 8,10 m lang.
(Denke bitte sowohl an die Einheit, als auch an das Komma!)

7. Familie Glück hat im Lotto 46770 € im Lotto gewonnen. Für ein Drittel des Geldes kaufen sie eine neue Küche. Den Rest des Geldes legen sie in Aktien an. 4

Frage: Wie viel kostet die Küche und wie viel legt Familie Glück in Aktien an?

		4	6	7	7	0	:	3	=	**1**	**5**	**5**	**9**	**0**	**€**					4	6	7	7	0	€	
	-	3								K	ü	c	h	e					-	1	5	5	9	0	€	
		1	6																							
	-	1	5																	**3**	**1**	**1**	**8**	**0**	**€**	
			1	7																A	k	t	i	e	n	
		-	1	5				A	l	t	e	r	n	a	t	i	v	e	:							
				2	7																					
			-	2	7					1	5	5	9	0	·	2	=	3	1	1	8	0				
					0	0																				
						0																				

Antwort: **Familie Glück gibt 15590 € für die Küche aus und legt 31180 € in Aktien an.**

8. Peter möchte aus 72 cm Draht ein Kantenmodel eines Quaders bauen. Der Quader soll die Länge 8 cm und die Breite 6 cm haben. Für welche maximale Höhe reicht der Draht? Ermittle die Höhe rechnerisch. 5

Rechenweg:
Jede Seite wird 4-mal benötigt: D. h. 4 x Länge, 4 x Breite und 4 x Höhe
Länge: **4 · 8 cm = 32 cm**;
Breite: **4 · 6 cm = 24 cm**:
24 cm + 32 cm = 56 cm; → 56 cm sind für die Länge und Breite schon verbraucht.
72 cm - 56 cm = 16 cm → D. h. 16 cm bleiben für die Höhe zur Verfügung.
16 cm : 4 = 4 cm → **Der Draht reicht für eine maximale Höhe von 4 cm.**

11.19 Lösungen zum Kompetenzbereich Wahrscheinlichkeiten

1. Dieses Bild soll ein Glücksrad darstellen, jeder der mitmachen möchte, darf genau einmal das Rad drehen.	7

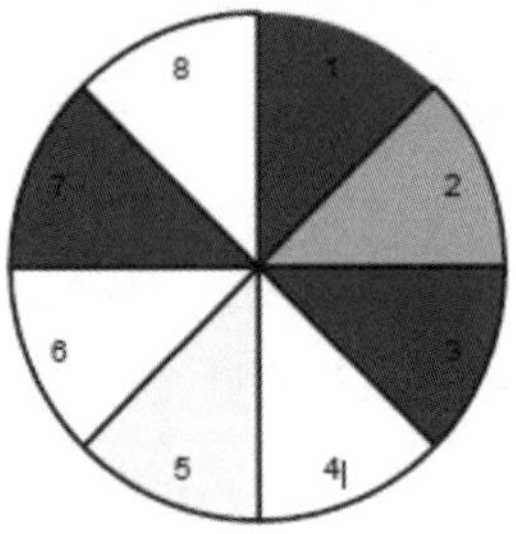

Gewinnregeln!
1. Gewinn bei hellgrau
2. Gewinn bei weiß
3. Gewinn bei weiß, hellgrau oder schwarz
4. Gewinn bei weiß, hellgrau, schwarz oder dunkelgrau
5. Gewinn bei 10

a) Gibt es eine Gewinnregel, bei der man immer gewinnt? Begründe deine Antwort.

Ja, die Regel Nummer 4 enthält alle Möglichkeiten, deshalb gewinnt man immer.

b) Gibt es eine Gewinnregel, bei der man nicht gewinnen kann? Begründe deine Antwort.

Ja, die Regel Nummer 5 kann nicht erreicht werden, es gibt keine 10 auf dem Glücksrad.

c) Bei welcher Regel sind die Gewinnchancen am größten, bei welcher Regel sind sie am geringsten? Trage die Regeln und die Höhe ihrer Gewinnmöglichkeit in die Tabelle, beginne bei der Regel mit der größten Gewinnchance.

Insgesamt gibt es 8 Felder, d. h. die Wahrscheinlichkeit ein bestimmtes Feld zu bekommen hat eine Wahrscheinlichkeit von 1:8 (gesprochen: 1 zu acht).

Regel	Gewinnmöglichkeit
4	Gewinnt immer → 8 Möglichkeiten
3	Gewinn bei 6 Feldern → 6 Möglichkeiten
2	Gewinn bei 3 Feldern → 3 Möglichkeiten
1	Gewinn bei 2 Felder → 2 Möglichkeiten
5	Gewinnt nie → 0 Möglichkeiten

2. Ninas Fahrrad hat ein Zahlenschloss. Da sie es schon lange nicht mehr benutzt hat, kennt sie leider die Zahlenkombination nicht mehr. An ihrem Zahlenschloss kann jede Stelle mit den Ziffern von 0 – 9 (→ also 10 Ziffern) eingestellt werden.	3

Wie viele verschiedene Zahlenkombinationen sind möglich bei:

a) einem Zweierschloss? → $10 \cdot 10 = \underline{\underline{100}}$

10	10

b) einem Dreierschloss? → $10 \cdot 10 \cdot 10 = \underline{\underline{1000}}$

10	10	10

c) einem Viererschloss? → $10 \cdot 10 \cdot 10 \cdot 10 = \underline{\underline{10000}}$

10	10	10	10

3. Würfelspiel 6

Peter und Franz wollen Schach spielen. Um auszuknobeln wer anfangen darf, würfeln sie mit zwei Würfeln, der mit der höheren Augenzahl darf anfangen.
Doch wie viele verschiedene Zahlenpaare können mit zwei Würfeln überhaupt gewürfelt werden? (Beachte die Kombination aus 1/2 ist dasselbe wie 2/1)

Hast du eine Idee? Trage allen Möglichkeiten in die Tabelle:

W1	W2	W1	W2	W1	W2	W1	W2	W1	W2	W1	W2
1	1	~~2~~	~~1~~	~~3~~	~~1~~	~~4~~	~~1~~	~~5~~	~~1~~	~~6~~	~~1~~
1	2	2	2	~~3~~	~~2~~	~~4~~	~~2~~	~~5~~	~~2~~	~~6~~	~~2~~
1	3	2	3	3	3	~~4~~	~~3~~	~~5~~	~~3~~	~~6~~	~~3~~
1	4	2	4	3	4	4	4	~~5~~	~~4~~	~~6~~	~~4~~
1	5	2	5	3	5	4	5	5	5	~~6~~	~~5~~
1	6	2	6	3	6	4	6	5	6	6	6

6 + 5 + 4 + 3 + 2 + 1 = 21

Es gibt 21 Zahlenpaare. Die durchgestrichenen Paare waren alle schon einmal da.

4. Kombinatorik 6

Die Spieler der Mannschaft rot-weiß-grün können bei der Zusammenstellung ihres Outfits wählen zwischen:
3 T-Shirts in den Farben weiß, rot oder grün,
2 Shorts in weiß oder schwarz und
2 Paar Strümpfen in weiß oder rot.

Wie viele unterschiedliche Möglichkeiten haben die Spieler sich anzuziehen?

➔ **Für jedes T-Shirt hast du 2 Hosen und 2 Strümpfe, die du kombinieren kannst, das heißt 2 · 2 = 4 Kombinationen pro T-Shirt.**
Bei 3 T-Shirts ergeben sich 3 · 4 = 12 Möglichkeiten.

T-Shirt	Short	Strümpfe
weiß	weiß	weiß
weiß	weiß	rot
weiß	schwarz	weiß
weiß	schwarz	rot
rot	weiß	weiß
rot	weiß	rot
rot	schwarz	weiß
rot	schwarz	rot
grün	weiß	weiß
grün	weiß	rot
grün	schwarz	weiß
grün	schwarz	rot

11.20 Lösungen zum Einmaleins

Lösung zu Übung 1:

2 · 4 = 8	4 · 8 = 32	5 · 9 = 45
5 · 4 = 20	2 · 9 = 18	4 · 8 = 32
3 · 5 = 15	4 · 7 = 28	3 · 7 = 21
7 · 8 = 56	7 · 6 = 42	2 · 6 = 12
9 · 3 = 27	5 · 5 = 25	9 · 8 = 72
2 · 9 = 18	6 · 4 = 24	8 · 9 = 72
8 · 2 = 16	3 · 3 = 9	7 · 7 = 49
7 · 7 = 49	7 · 2 = 14	6 · 8 = 48
6 · 5 = 30	5 · 1 = 5	4 · 9 = 36
5 · 1 = 5	8 · 0 = 0	5 · 8 = 40
4 · 0 = 0	4 · 9 = 36	3 · 4 = 12
3 · 5 = 15	3 · 8 = 24	5 · 3 = 15
4 · 9 = 36	5 · 7 = 35	8 · 2 = 16
5 · 3 = 15	7 · 6 = 42	6 · 9 = 54
6 · 8 = 48	6 · 5 = 30	7 · 8 = 56
7 · 4 = 28	7 · 4 = 28	9 · 9 = 81
8 · 6 = 48	9 · 3 = 27	2 · 7 = 14
9 · 5 = 45	7 · 2 = 14	3 · 6 = 18
10 · 7 = 70	8 · 6 = 48	4 · 9 = 36
5 · 9 = 45	6 · 2 = 12	5 · 6 = 30
2 · 4 = 8	4 · 4 = 16	6 · 9 = 54
1 · 2 = 2	5 · 3 = 15	7 · 4 = 28
3 · 9 = 27	3 · 5 = 15	8 · 8 = 64
5 · 7 = 35	2 · 8 = 16	9 · 7 = 63
4 · 5 = 20	9 · 4 = 36	1 · 9 = 9
6 · 4 = 24	7 · 7 = 49	8 · 8 = 64
7 · 3 = 21	3 · 6 = 18	7 · 9 = 63
5 · 2 = 10	7 · 5 = 35	6 · 7 = 42
2 · 0 = 0	4 · 4 = 16	4 · 8 = 32

Lösung zu Übung 2:

2 · 5 = 10	3 · 8 = 24	6 · 8 = 48
5 · 6 = 30	2 · 9 = 18	7 · 3 = 21
3 · 7 = 21	4 · 7 = 28	4 · 4 = 16
7 · 8 = 56	6 · 6 = 36	5 · 6 = 30
9 · 9 = 81	7 · 5 = 35	8 · 8 = 64
2 · 2 = 4	8 · 4 = 32	9 · 7 = 63
8 · 3 = 24	4 · 3 = 12	6 · 7 = 42
7 · 4 = 28	8 · 2 = 16	5 · 3 = 15
6 · 6 = 36	6 · 5 = 30	3 · 9 = 27
5 · 5 = 25	9 · 1 = 9	4 · 9 = 36
4 · 7 = 28	5 · 2 = 10	2 · 5 = 10
5 · 8 = 40	4 · 3 = 12	5 · 2 = 10
4 · 9 = 36	3 · 4 = 12	9 · 3 = 27
5 · 3 = 15	2 · 5 = 10	7 · 8 = 56
6 · 2 = 12	6 · 6 = 36	9 · 7 = 63
7 · 4 = 28	8 · 7 = 56	8 · 9 = 72
8 · 5 = 40	9 · 3 = 27	3 · 7 = 21
9 · 6 = 54	7 · 2 = 14	4 · 6 = 24
7 · 7 = 49	5 · 6 = 30	5 · 9 = 45
5 · 8 = 40	6 · 2 = 12	6 · 5 = 30
2 · 9 = 18	4 · 4 = 16	7 · 9 = 63
5 · 2 = 10	5 · 3 = 15	8 · 4 = 32
3 · 3 = 9	3 · 7 = 21	9 · 8 = 72
5 · 4 = 20	2 · 8 = 16	2 · 7 = 14
4 · 5 = 20	9 · 9 = 81	3 · 9 = 27
6 · 6 = 36	7 · 7 = 49	7 · 8 = 56
7 · 7 = 49	4 · 6 = 24	8 · 9 = 72
5 · 8 = 40	6 · 9 = 54	9 · 7 = 63
2 · 9 = 18	5 · 4 = 20	5 · 8 = 40

Lösung zu Übung 3:

4 · 5 = 20	2 · 9 = 18	4 · 8 = 32
5 · 3 = 15	4 · 7 = 28	3 · 7 = 21
8 · 7 = 56	7 · 6 = 42	2 · 6 = 12
3 · 9 = 27	5 · 5 = 25	9 · 8 = 72
9 · 2 = 18	6 · 4 = 24	8 · 9 = 72
2 · 8 = 16	3 · 3 = 9	7 · 7 = 49
7 · 7 = 49	7 · 2 = 14	6 · 8 = 48
5 · 6 = 30	5 · 1 = 5	4 · 9 = 36
1 · 5 = 5	8 · 0 = 0	5 · 5 = 25
0 · 4 = 0	4 · 9 = 36	3 · 4 = 12
5 · 3 = 15	3 · 8 = 24	5 · 3 = 15
9 · 4 = 36	5 · 7 = 35	8 · 2 = 16
3 · 5 = 15	7 · 6 = 42	6 · 9 = 54
8 · 6 = 48	6 · 5 = 30	7 · 8 = 56
4 · 7 = 28	7 · 4 = 28	9 · 9 = 81
6 · 8 = 48	9 · 3 = 27	2 · 7 = 14
5 · 9 = 45	7 · 2 = 14	3 · 6 = 18
7 · 10 = 70	8 · 6 = 48	4 · 9 = 36
9 · 5 = 45	6 · 2 = 12	5 · 5 = 25
4 · 2 = 8	40 · 4 = 160	6 · 90 = 540
2 · 1 = 2	50 · 3 = 150	7 · 40 = 280
9 · 3 = 27	30 · 5 = 150	8 · 80 = 640
7 · 5 = 35	20 · 8 = 160	9 · 70 = 630
5 · 4 = 20	40 · 9 = 360	1 · 90 = 90
4 · 6 = 24	70 · 7 = 490	8 · 80 = 640
3 · 7 = 21	30 · 6 = 180	7 · 90 = 630
2 · 5 = 10	70 · 5 = 350	6 · 70 = 420
0 · 2 = 0	40 · 4 = 160	4 · 80 = 320

Lösung zu Übung 4:

52 : 4 = 13
35 : 5 = 7
7 · 8 = 56
9 · 3 = 27
2 · 9 = 18
8 : 2 = 4
77 : 7 = 11
6 · 5 = 30
5 · 10 = 50
6 · 0 = 0
30 · 5 = 150
45 : 9 = 5
27 : 3 = 9
64 : 8 = 8
7 · 4 = 28
48 : 6 = 8
90 : 5 = 18
21 : 7 = 3
5 · 9 = 45
2 · 4 = 8
11 · 2 = 22
36 : 9 = 4
5 · 7 = 35
40 : 5 = 8
64 : 4 = 16
7 · 3 = 21
25 · 2 = 50
81 : 9 = 9

3 · 9 = 27
5 · 7 = 35
72 : 6 = 12
5 · 5 = 25
56 : 4 = 14
33 · 3 = 99
72 : 8 = 9
5 · 10 = 50
80 · 0 = 0
45 : 9 = 5
32 : 8 = 4
5 · 7 = 35
7 · 7 = 49
60 : 5 = 12
7 · 4 = 28
90 : 3 = 30
72 : 9 = 8
48 : 6 = 8
16 : 2 = 8
4 · 4 = 16
15 · 3 = 45
30 : 5 = 6
24 : 8 = 3
4 · 9 = 36
7 · 7 = 49
36 : 6 = 6
7 · 5 = 35
21 : 7 = 3

24 : 8 = 3
35 : 7 = 5
12 · 6 = 72
96 : 8 = 12
9 · 9 = 81
77 : 7 = 11
16 : 8 = 2
64 : 8 = 8
55 · 5 = 275
32 : 4 = 8
51 : 3 = 17
18 · 2 = 36
6 · 6 = 36
7 · 8 = 56
99 : 9 = 11
12 · 7 = 84
36 : 6 = 6
4 · 9 = 36
25 : 5 = 5
6 · 9 = 54
7 · 4 = 28
8 · 8 = 64
49 : 7 = 7
27 : 9 = 3
8 · 8 = 64
3 · 9 = 27
56 : 7 = 8
5 · 9 = 45

Lösung zu Übung 5:

12 : 3 = 4	24 : 3 = 8	54 : 6 = 9
52 : 4 = 13	7 · 9 = 63	24 : 3 = 8
35 : 7 = 5	5 · 6 = 30	35 : 5 = 7
72 : 8 = 9	84 : 6 = 14	12 · 6 = 72
90 : 3 = 30	5 · 7 = 35	56 : 8 = 7
27 : 9 = 3	64 : 4 = 16	8 · 9 = 72
8 · 2 = 16	11 · 3 = 33	49 : 7 = 7
91 : 7 = 13	56 : 8 = 7	32 : 8 = 4
6 · 5 = 30	7 · 7 = 49	4 · 8 = 32
5 · 9 = 45	88 : 11 = 8	55 : 5 = 11
6 · 7 = 42	63 : 9 = 7	36 : 4 = 9
30 : 5 = 6	32 : 4 = 8	21 : 3 = 7
54 : 9 = 6	5 · 8 = 40	17 · 2 = 34
27 : 3 = 9	7 · 9 = 63	60 : 6 = 10
64 : 8 = 8	80 : 5 = 16	8 · 8 = 64
7 · 8 = 56	27 : 3 = 9	49 : 7 = 7
42 : 6 = 7	90 : 6 = 15	42 : 7 = 6
55 : 5 = 11	72 : 8 = 9	96 : 6 = 16
42 : 7 = 6	48 : 8 = 6	7 · 9 = 63
7 · 9 = 63	36 : 4 = 9	20 : 5 = 4
28 : 4 = 7	4 · 4 = 16	6 · 7 = 42
11 · 2 = 22	25 · 3 = 75	9 · 4 = 36
36 : 9 = 4	45 : 9 = 5	8 · 8 = 64
5 · 7 = 35	32 : 4 = 8	49 : 7 = 7
40 : 5 = 8	4 · 7 = 28	27 : 3 = 9
64 : 4 = 16	4 · 4 = 16	9 · 8 = 72
11 · 3 = 33	36 : 6 = 6	5 · 9 = 45
25 · 2 = 50	7 · 8 = 56	56 : 8 = 7
81 : 9 = 9	21 : 7 = 3	6 · 9 = 54

Lösung zu Übung 6:

2 · 2 = 4	3 · 3 = 9	8 · 8 = 64
4 · 4 = 16	1 · 1 = 1	7 · 7 = 49
6 · 6 = 36	5 · 5 = 25	4 · 4 = 16
7 · 7 = 49	6 · 6 = 36	5 · 5 = 25
9 · 9 = 81	7 · 7 = 49	8 · 8 = 64
8 · 8 = 64	8 · 8 = 64	9 · 9 = 81
10 · 10 = 100	16 : 4 = 4	36 : 6 = 6
11 · 11 = 121	2 · 2 = 4	3 · 3 = 9
12 · 12 = 144	6 · 6 = 36	9 · 9 = 81
13 · 13 = 169	72 : 9 = 8	25 · 4 = 100
14 · 14 = 196	25 : 5 = 5	100 : 10 = 10
15 · 15 = 225	144 :12 = 12	55 : 11 = 5
16 · 16 = 256	13 · 14 = 182	9 · 3 = 27
17 · 17 = 289	2 · 5 = 10	7 · 8 = 56
18 · 18 = 324	6 · 6 = 36	9 · 7 = 63
19 · 19 = 361	8 · 8 = 64	8 · 9 = 72
20 · 20 = 400	9 · 13 = 117	13 · 7 = 91
25 · 25 = 625	7 · 12 = 84	14 · 6 = 84
30 · 30 = 900	15 · 6 = 90	15 · 9 = 135
40 · 40 = 1600	6 · 12 = 72	16 · 5 = 80
50 · 50 = 2500	14 · 14 = 196	17 · 9 = 153
60 · 60 = 3600	15 · 13 = 195	18 · 4 = 72
70 · 70 = 4900	13 · 7 = 91	19 · 8 = 152
80 · 80 = 6400	12 · 8 = 96	12 · 7 = 84
90 · 90 = 8100	9 · 9 = 81	13 · 9 = 117
100 ·100 = 10000	7 · 7 = 49	17 · 8 = 136
17 · 7 = 119	14 · 6 = 84	18 · 9 = 162
15 · 8 = 120	16 · 9 = 144	19 · 7 = 133
12 · 9 = 108	15 · 4 = 60	15 · 8 = 120
18 · 8 = 144	81 : 9 = 9	16 · 20 = 320

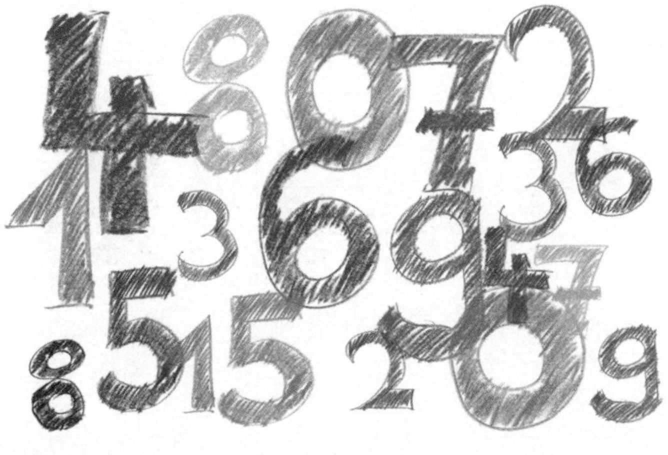

11.21 Lösung zu Schnelltest 1 - Einmaleins

11	·	**9**	=	99	**330**	:	3	=	110
45	·	**10**	=	450	**133**	:	7	=	19
160	:	**10**	=	16	**48**	:	4	=	12
100	:	**25**	=	4	**78**	:	6	=	13
36	·	**11**	=	396	**24**	:	2	=	12
54	:	**6**	=	9	**100**	:	5	=	20
77	:	**7**	=	11	**100**	:	4	=	25
45	:	**5**	=	9	**40**	·	9	=	360
36	:	**6**	=	6	**70**	·	5	=	350
32	:	**4**	=	8	**90**	·	6	=	540
42	:	**7**	=	6	**90**	·	8	=	720
45	:	**9**	=	5	**40**	·	9	=	360
39	:	**13**	=	3	**50**	·	7	=	350
32	:	**8**	=	4	**9**	·	6	=	54
42	:	**6**	=	7	**9**	·	8	=	72

11.22 Lösung zu Schnelltest 2 - Einmaleins

8	·	**6**	=	48	**25**	:	5	=	5
4	·	**8**	=	32	**49**	:	7	=	7
5	·	**9**	=	45	**64**	:	8	=	8
8	·	**7**	=	56	**81**	:	9	=	9
7	·	**7**	=	49	**90**	:	3	=	30
8	·	**5**	=	40	**630**	:	7	=	90
10	·	**6**	=	60	**160**	:	4	=	40
4	·	**30**	=	120	**36**	:	6	=	6
3	·	**90**	=	270	**34**	:	2	=	17
9	·	**7**	=	63	**350**	:	5	=	70
81	:	**9**	=	9	**32**	:	4	=	8
45	:	**5**	=	9	**4**	·	9	=	36
36	:	**6**	=	6	**7**	·	7	=	49
16	:	**4**	=	4	**60**	·	6	=	360
42	:	**7**	=	6	**11**	·	8	=	88

11.23 Lösung zu Schnelltest 3 - Einmaleins

7	·	7	=	**49**	12	·	**12**	=	144
15	·	8	=	**120**	4	·	**80**	=	320
6	·	6	=	**36**	5	·	**50**	=	250
17	·	2	=	**34**	6	·	**90**	=	540
13	·	9	=	**117**	7	·	**70**	=	490
15	·	8	=	**120**	8	·	**50**	=	400
19	·	6	=	**114**	9	·	**9**	=	81
14	·	4	=	**56**	8	·	**8**	=	64
4	·	4	=	**16**	3	·	**90**	=	270
19	·	9	=	**171**	7	·	**70**	=	490
16	·	5	=	**80**	3	·	**13**	=	39
12	·	8	=	**96**	9	·	**50**	=	450
14	·	5	=	**70**	6	·	**11**	=	66
17	·	7	=	**119**	11	·	**4**	=	44
18	·	8	=	**144**	8	·	**9**	=	72

11.24 Lösung zu Knacknüsse

11.24.1 Lösung zu 9.1 Grundrechenarten

1. Vermehre 985 um 18! 1

985 + 18 = 1003

2. Rechne aus! 3

728 · 13 = **9464**

215 · 25 = **5375**

7280 (728 · 10)
+ 2184 (728 · 3)

4300 (215 · 20)
+ 1075 (215 · 5)

9464 **5375**

3. Rechne aus! 4

7270 · 13 = **94510**

25 · 25 = **625**

72700 (7270 · 10)
+ 21810 (7270 · 3)

500 (25 · 20)
+ 125 (25 · 5)

94510

625

4. Rechne schriftlich! 4

a) 135621 : 3 = 45207
-12
15
6
2
21
0

NR:
13 : 3 = 4 R1
15 : 3 = 5 R0
6 : 3 = 2 R0
2 : 3 geht nicht also 0 - schreibe die 0 zum Ergebnis und hol dir noch die 1 → 21 : 3 = 7

b) 1830 : 15 = 122
15
33
-30
30
0

NR:
18 : 15 = 1 R3
33 : 15 = 2 R3

30 : 15 = 2 R0

5. Rechne schriftlich! 4

a) 7896 : 8 = **987**
72
69
- 64
56
- 56
0

b) 19271 : 7 = **2753**
14
52
- 49
37
- 35
21
- 21
0

6. Rechne aus! 4

a) 728 · 43 = **31304**
2912
+ 2184
31304

b) 125 · 234 = **29250**
250
+ 375
+ 500
29250

7. Berechne! a) 7128 - 243 = 6885 b) 12015 + 2394 = 14409 7128 - 243 **6885** 12015 + 2394 **14409**	2

11.24.2 Lösung zu 9.2 Rechnen mit Einheiten

1. 3,78 m = **378 cm**	1
2. 26 kg = **26000 g**	1
3. Du wiegst 28 kg, kreuze alles an, was genauso schwer ist wie du! ✓ 28 l Wasser O 20 l Milch ✓ 0,028 t Wasser ✓ 28.000 g Mehl	4
4. 83 mm =**8,3 cm**	1
5. 23 dm = **230 cm**	1
6. Was ist genauso schwer wie $\frac{1}{2}$ l Wasser, kreuze an! ✓ 500 g Wasser O $\frac{1}{4}$ l Wasser O 250 ml Wasser ✓ 500 ml Wasser	4
7. 1 t = **1.000.000 g**	1
8. $\frac{1}{2}$ t = **500 kg**	1
9. 490 dm = **0,049 km**	1

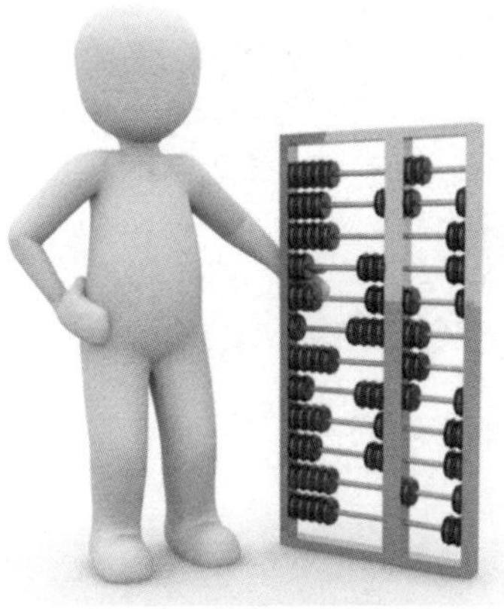

11.24.3 Lösung zu 9.3 Körper und Figuren

1. Ein Quader hat **6 Flächen**.	1
2. Der Körper heißt **Quader** und hat **8 Ecken**.	1
3. Der Körper heißt **Zylinder** und hat **keine Ecken**.	1
4. Wie nennt man folgende Figur? → **Würfel**	1
5. Eine **Kugel** hat **keine Ecken** und **eine Fläche**.	2
6. Der Körper heißt **Zylinder** → 	1
7. Wie viele Kanten hat dieser Körper? → **12** 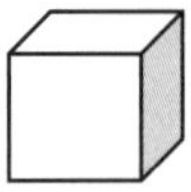 Wie viele Ecken → **8** Wie viele Seiten? → **6** **Die gegenüberliegenden Zahlen eines Würfels ergeben immer 7.**	4
8. Wo genau liegt der Fisch? ☑ im Viereck, im Kreis, nicht aber im Dreieck ☑ im Kreis, im Viereck, nicht aber im Dreieck 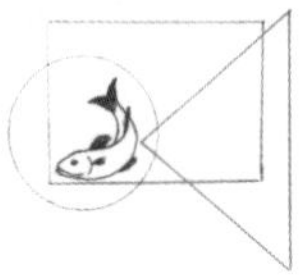	2

11.24.4 Lösung zu 9.4 Textaufgaben

1. Der Wasserhahn bei Familie Reichel tropft und so verschwinden in drei Stunden ganze 2 Liter Wasser a) 24 h : 3h = 8; 8 · 2 l = 16 l Antwort: **In 24 Stunden fließen 16 l weg.** b) 1 Tag = 24 Stunden → 16 Liter Wasser → 7 · 16 l = 112 l ; (70 l + 42 l = 112 l) ; 112 l · 4 = 400 l + 40 l + 8 l = 448 l oder → 4 Wochen = 28 Tage; 28 · 16 l = 448 l Antwort: Linus hat sich verrechnet.	4 2 2
2. Petra zahlt **einen Anteil**, Paula das Doppelte von Petra, also **2 Anteile**, Pauline das Dreifache von Paula, also **2 · 3 Anteile** = 6 Anteile → Anteile gesamt: 1 + 2 + 6 = **9** 180 € : 9 = 20 € **ein Anteil beträgt also 20,00 €** Petra → 1 Anteil = 20 € Paula → 2 Anteile = 20 € · 2 = 40 € Pauline → 3 Anteile = 40 € · 3 = 120 € **Probe**: 20 € + 40 € + 120 € = 180 €	3

3. Christina würfelt mit **6 Würfeln**. Sie zählt alle **Augen** zusammen und kommt auf **32**. Alle Würfel zeigen 6 an, nur **einer nicht**. **Welche Zahl zeigt der letzte Würfel**? Rechenweg: 5 · 6 = 30; 32 – 30 = **2** Antwort: Der Würfel zeigt eine **2**.	1
4. Für meine Limo hatte ich noch **3 Zitronen übrig**.	1
5. Zwei Schafe werden geschoren ... 7 kg – 1 kg = 6 kg 6 kg : 2 = 3 kg **Antwort**: Das schwarze Schaf gibt 3 kg, das weiße Schaf gibt 3 kg + 1 kg = 4 kg **Probe**: 3 kg + 4 kg = 7 kg	2
6. Wann endete der Film Madagaskar? Werbepausen: 3 min + 4 min + 4 min = **11 min** Filmlänge: 89 min + 11 min = 100 min = **1 h und 40 min** Beginn: 17:15 Uhr + 1 h = **18:15 Uhr**; 18:15 Uhr + 40 min = **18:55 Uhr** **Der Film endete um 18:55 Uhr.**	3
7. Linus hat Sportfest ... a) 7,2 km → 7200 m 400 m → 1 min 20 s = **80 s** 7200 m : 400 m = **18** → 80 s · 18 = **1440 s**; → 1440 s: 60 = **24 min** Antwort: **Linus benötigt 24 Minuten für den Weg.** b) Die Sportstunde beginnt pünktlich um 8:10 Uhr. 10 Minuten später startet Linus. Wann kommt er an der Schule an? 8:10 Uhr + 10 min = 8:20 Uhr; 8:20 Uhr +24 min = **8:44 Uhr** Antwort: **Linus ist um 8:44 Uhr wieder an der Schule.**	3 2

11.24.5 Lösung zu 9.5 Achsensymmetrie, Spiegelung und Diagramme

1. Zeichne alle Spiegelachsen ein und schreibe darunter, wie viele es gibt. 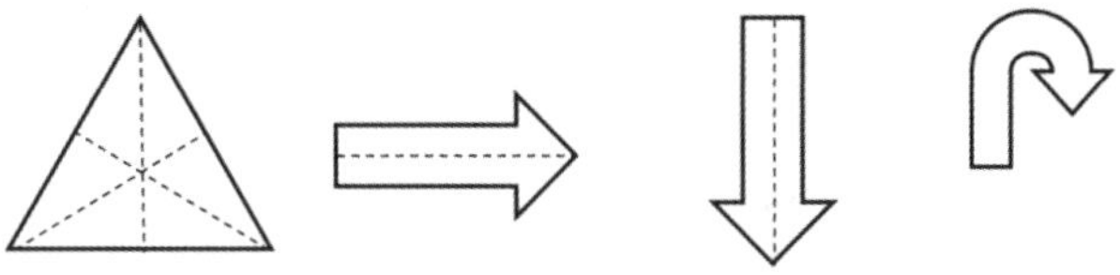 Spiegelachsen: **3** **1** **1** **0**	8
2. Verschiebe die Figuren nach der angegebenen Vorschrift: 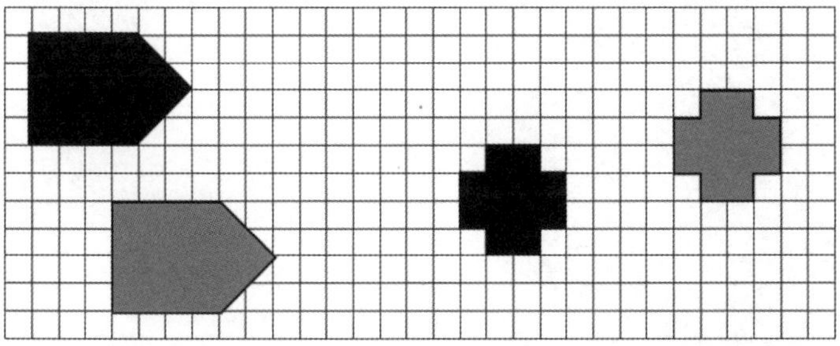 3 nach rechts und 6 nach unten 8 nach rechts und 2 nach oben	4

3. Bitte beide Figuren an der Achse spiegeln. Verwende ein Lineal! 4

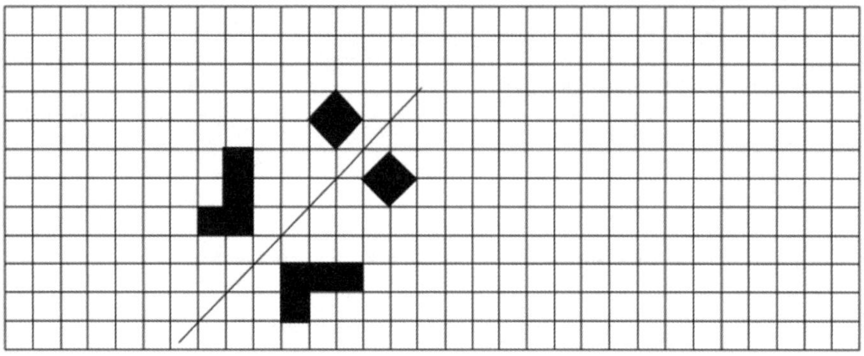

4. Im Freizeitpark „Riesenspaß" werden einmal im Jahr eine Woche lang die Besucher gezählt. Runde auf **Tausender** und zeichne ein passendes Diagramm. 10

3

Montag	Dienstag	Mittwoch	Donnerstag	Freitag	Samstag	Sonntag
7033	7433	8677	9754	12433	15293	14773
7000	**7000**	**9000**	**10000**	**12000**	**15000**	**15000**

7

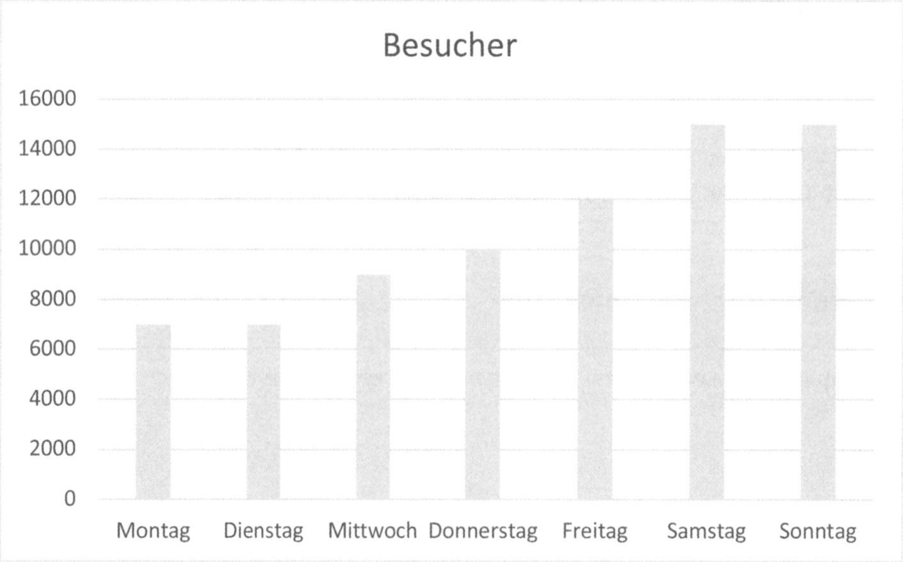

11.24.6 Lösung zu 9.6 Wahrscheinlichkeitsrechnung

1. Ich habe folgende Kärtchen vor mir liegen und möchte damit sowohl die kleinste als auch die größte Zahl legen. Jede Zahl darf nur einmal verwendet werden. — 2

1	201	5	8	9

Kleinste Zahl: **1201589**

Größte Zahl: **9852011**

2. Leonie hat 3 Luftballons in rot, gelb und blau. In wie viele verschiedene Reihenfolgen kann sie die Ballons stellen? — 3

- rot, gelb, blau
- rot, blau, gelb
- gelb, blau, rot
- gelb, rot, blau
- blau, gelb, rot
- blau, rot, gelb ➔ **6 Möglichkeiten**, oder **3 · 2 · 1 = 6**

3. Glücksrad — 4

Färbe die Felder im Glücksrad mit den Farben rot, blau, grün und gelb so,

a) dass alle Farben dieselbe Gewinnchance haben und begründe!

→ **Alle Farben kommen gleich oft vor, jeweils zweimal.**

b) dass die vier Farben unterschiedliche Gewinnchancen haben und begründe!

→ **Die Farben kommen unterschiedlich oft vor.**

c) dass die Farbe Gelb, dieselbe Gewinnchance hat, wie alle anderen zusammen und begründe!

Die Farben rot, blau, grün belegen den halben Kreis und die Farbe Gelb die andere Hälfte. Somit ist die Wahrscheinlichkeit, dass die Farbe Gelb kommt genauso hoch wie eine der anderen Farben.

4. In einem Becher befinden sich eine rote, eine blaue und eine gelbe Kugel. Wenn du immer gleichzeitig zwei Kugel rausnimmst, welche unterschiedlichen Farbkombinationen kannst du ziehen? — 1

Schreibe alle Kombinationen auf!

Es gibt folgende drei Kombinationen: **rot – blau / rot – grün / blau – grün**

5. Du hast rote und gelbe Bonbons. Nun füllst ein Säckchen mit 10 Bonbons, die du deinem Freund anbieten möchtest. — 2

a) Wie musst du dein Säckchen füllen, damit dein Freund die größte Möglichkeit hat sowohl einen roten als auch einen gelben Bonbon zu ziehen?

→ **Das Säckchen sollte dieselbe Anzahl an gelben und roten Bonbons haben, jeweils 5.**

b) Jetzt füllst du dein Säckchen mit 5 Bonbons, 4 rote und ein gelbes. Wie sicher ist es, dass dein Freund einen roten Bonbon bekommt, wenn er zweimal ziehen darf? Erkläre!

→ **Bei zweimaligem Ziehen ist es <u>sicher</u>, dass ein rotes Bonbon dabei ist, da es nur einen gelben Bonbon gibt.**

6. Florian kann auf seinem Fahrradschloss eine vierstellige Zahl einstellen. Für jede Stelle kann er die *Ziffern 1, 2, 3, 4, 5, 6, 7 und 8* wählen. Leider hat er seine Geheimzahl vergessen. Er weiß allerdings sicher, dass die **erste Ziffer** seine Glückszahl - die **3** - war. Die **zweite Stelle war eine 7**, bei der **dritten Ziffer schwankt er zwischen 1 und 4**. An die letzte Stelle kann er sich nicht mehr erinnern. Wie viele verschiedene Möglichkeiten hat Florian, um sein Schloss sicher zu öffnen, wenn seine Annahmen korrekt sind? Wie viele Möglichkeiten gäbe es, wenn er die 3. Stelle auch nicht kennt und wie viele, wenn er gar keine Stelle kennt? Schreibe die Rechenwege auf! 3

1. Stelle	2. Stelle	3. Stelle	4. Stelle
3	7	1	1 bis 8
		4	1 bis 8

1 · 1 · 2 · 8 = **14 Möglichkeiten → Florian hat 14 Möglichkeiten, wenn seine Annahmen stimmen.**
Wenn auch die **dritte Stelle unbekannt** ist, gibt es **1 · 1 · 8 · 8 = 64 Möglichkeiten.**
Wenn gar **keine Zahl bekannt** ist, gibt es **8 · 8 · 8 · 8 = 4096 Möglichkeiten.**

7. Formen ziehen, Begründe jeweils deine Aussage! 10

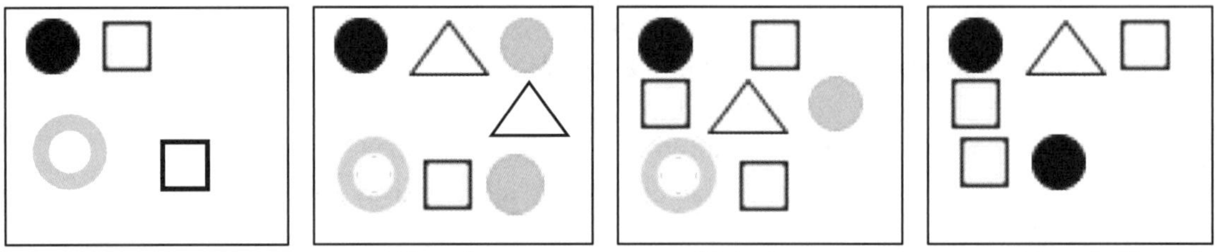

Kiste 1 Kiste 2 Kiste 3 Kiste 4

a) Bei welcher Kiste ist die Wahrscheinlichkeit am größten, ein weißes Quadrat zu ziehen?
Bei Kiste 4, da die Wahrscheinlichkeit ein weißes Quadrat zu ziehen bei der Hälfte liegt.

b) Bei welcher Kiste ist die Wahrscheinlichkeit am größten, einen schwarzen Kreis zu ziehen?
Bei Kiste 1, da es in jeder Kiste einen schwarzen Kreis gibt, die Gesamtanzahl bei der ersten Kiste jedoch am kleinsten ist.

c) Bei welcher Kiste ist die Wahrscheinlichkeit, ein weißes Quadrat zu ziehen am kleinsten?
Die Wahrscheinlichkeit ein weißes Quadrat zu ziehen ist bei Kiste 2 am kleinsten, da es 7 Objekte gibt und davon nur ein weißes Quadrat.

d) In welchen Kisten gibt es beim Ziehen dieselbe Wahrscheinlichkeit für unterschiedliche Objekte? Benenne jeweils Kiste und Objekte!

Kiste 1		
Kiste 2		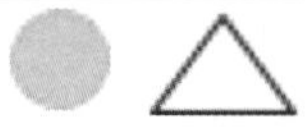 (je 2)
Kiste 3	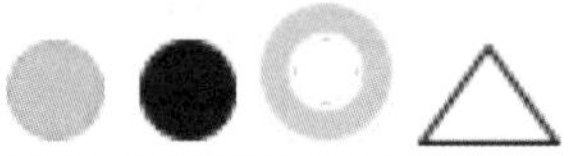	
Kiste 4	keine	

12. Notenschlüssel

Hier findest du verschiedene Notenschlüssel. Suche die Punktzahl, die der Gesamtpunktzahl in deiner Übungsprobe gleicht bzw. am nächsten kommt. Schau dann, in welchen Punktebereich deine erreichte Punktzahl fällt, oben in der Kopf-Spalte findest du deine erzielte Note.

	Note erreichte Punkte					
Punkte gesamt	**1**	**2**	**3**	**4**	**5**	**6**
16	16 – 15	14 – 13	12 – 11	10 – 8	7 – 4	3 – 0
20	20 – 19	18 – 17	16 – 14	13 – 10	9 – 6	5 – 0
22	22 – 21	20 – 18	17 – 14	13 – 11	10 – 7	6 – 0
24	24 – 22	21 – 19	18 – 16	15 – 12	11 – 8	7 – 0
26	26 – 24	23 – 21	20 – 17	16 – 13	12 – 8	7 – 0
28	28 – 26	25 – 23	22 – 19	18 – 14	13 – 9	8 – 0
30	30 – 27	26 – 23	22 – 19	18 – 15	14 – 9	8 – 0
32	32 – 29	28 – 25	24 – 21	20 – 16	15 – 10	9 – 0
34	34 – 31	30 – 27	26 – 22	21 – 17	16 – 10	9 – 0
36	36 – 33	32 – 29	28 – 24	23 – 18	17 – 11	10 – 0
38	38 – 35	34 – 30	29 – 25	24 – 19	18 – 12	11 – 0
40	40 – 36	35 – 31	30 – 26	25 – 20	19 – 13	12 – 0
42	42 – 38	37 – 33	32 – 28	27 – 22	21 – 14	13 – 0
46	46 – 42	41 – 36	35 – 30	29 – 23	22 – 15	14 – 0
50	50 – 45	44 – 39	38 – 33	32 – 25	24 – 16	15 – 0
52	52 – 47	46 – 41	40 – 34	33 – 26	25 – 17	16 – 0
56	56 – 51	50 – 44	43 – 36	35 – 28	27 – 18	17 – 0
60	60 – 54	53 – 47	46 – 39	38 – 30	29 – 19	18 – 0
66	66 – 60	59 – 53	52 – 43	42 – 33	32 – 20	19 – 0
70	70 – 63	62 – 55	54 – 46	45 – 35	34 – 21	20 – 0
76	76 – 69	68 – 60	59 – 50	49 – 38	37 – 22	21 – 0
80	80 – 72	71 – 63	62 – 52	51 – 40	39 – 23	22 – 0
86	85 – 77	76 – 67	66 – 55	54 – 43	42 – 24	23 – 0
90	90 – 81	80 – 71	70 – 59	58 – 46	45 – 27	28 – 0
100	100 – 91	90 – 81	80 – 68	67 – 50	49 – 30	29 – 0

13. Quellenverzeichnis

Grundschulhefte Paul und Nina Mandl sowie Julius und Linus Reichel
http://www.schulferien.org
http://www.isb.bayern.de/ Staatsinstitut für Schulqualität und Bildungsforschung
www.geogebra.de
Rechendrache Lük 4. Klasse
Grundrechenarten 4. Klasse: Mathematik Grundschule Silke Heilig
Rechenschwäche - Dyskalkulie: Eine unterrichtspraktische Einführung für LehrerInnen und Eltern

Fotos: Miriam Reichel, Istockphoto, Dreamstime, https://commons.wikimedia.org/wiki/Main_Page
Bilder/Logos: Horst Reichel, Michael Reichel